# 工业数字化转型

## 系统方法与敏捷实践

INDUSTRIAL DIGITAL
TRANSFORMATION

From Systematic Frameworks to Agile Practices

王晓钰——著

机械工业出版社
CHINA MACHINE PRESS

图书在版编目（CIP）数据

工业数字化转型：系统方法与敏捷实践 / 王晓钰著 .
北京：机械工业出版社，2025.2. -- ISBN 978-7-111
-77251-4

Ⅰ . T-39

中国国家版本馆 CIP 数据核字第 2024TD2668 号

机械工业出版社（北京市百万庄大街22号 邮政编码100037）
策划编辑：杨福川　　　　　　　　责任编辑：杨福川　王华庆
责任校对：高凯月　张雨霏　景　飞　责任印制：常天培
北京铭成印刷有限公司印刷
2025 年 5 月第 1 版第 1 次印刷
147mm×210mm・11.75印张・274千字
标准书号：ISBN 978-7-111-77251-4
定价：99.00元

电话服务　　　　　　　　网络服务
客服电话：010-88361066　　机 工 官 网：www.cmpbook.com
　　　　　010-88379833　　机 工 官 博：weibo.com/cmp1952
　　　　　010-68326294　　金 书 网：www.golden-book.com
封底无防伪标均为盗版　　　机工教育服务网：www.cmpedu.com

| 赞誉 |

这本书深刻剖析了数字化转型的关键要素，提出了系统化的方法框架和敏捷的实践路径，以帮助企业在快速变化的数字化环境中明确方向，全面释放数字化所带来的业务价值。这本书为广大企业和行业同人提供了宝贵的理论支持和实践指导，尤其在数字化转型、工业互联网架构与应用等方面的深入剖析，值得每一个致力于数字化转型的企业参考借鉴。

——刘忠东　锐捷网络股份有限公司总经理

这本书兼具理论深度和实践价值，为技术团队和管理者提供了从业务架构、技术架构到方案设计和系统实施的全景指南。无论是在战略思考还是在具体操作方面，这本书都具有重要的指导意义，特别适合致力于工业数字化转型的企业和个人参考。

——梅灯银　宁德新能源科技有限公司（ATL）CIO

晓钰博士多次在沙龙上分享他的数字化研究成果，他的技术洞察力和对创新战略的独特理解令我深受启发。今天，晓钰博士出版的这本新书提出的"感知、认知、行动"闭环和敏捷实践理念，能够帮助企业通过低成本试错快速找到适合自身的数字化转型路径，是企业数字化转型的实践指南。

——刘立　大连外国语大学创新管理专业教授

这本书不仅涵盖数字化转型的系统方法、不同业务领域的数字化转型实践，还包含对未来的探讨与展望，给予了我们在这场伟大的数字化技术革命中坚持做有价值且正确的事情的勇气与力量。

——杨凌伟　红杉学者、富淼科技数字化变革总监

晓钰不仅精通人工智能等前沿技术，还在技术本质与商业战略的结合上有着独到的见解和深刻的思考，这是他踏实作风的一个体现。很高兴看到他将这些思考融汇于这本书中，并将其完整呈现。

——孙丹麟　上海博加信息科技股份有限公司董事长／总经理

工业数字化一定会是"数实融合"的典范。我与王老师同为数字化类图书作者，他这本书描绘的路径也正是我坚信的：工业数字化应该是今后的数字化范例。相信读者可以从这本书中感受到王老师基于自己丰富的实践经验讲述的"数实"交相辉映的工业数字化。

——付晓岩　《银行数字化转型》《架构未来：企业新质
生产力战略与业务架构实战》作者

在过去三年里，晓钰在首席创新官沙龙上的分享给我带来了许多启发。每当我们研讨企业转型创新的棘手难题时，他总是能够从复杂、科学的原理出发，带给我们更加高维的视角。他深刻的研究和见解，尤其是在宁德新能源数字化转型中的实践，展现了卓越的创新精神和敏锐的战略洞察力。我相信，这本书对于从事数字化转型的企业领导者和实践者来说，具有重要的指导意义。

——柏翔　万为瞻卓合伙人、IBM前首席顾问

这本书有很多令人眼前一亮的观点，例如，明确指出数字化是企业应对复杂多变市场环境的关键利器，企业必须将其深度融入业务流程，实现业务与数字化的无缝对接；着重强调智能由"感知、认知、行动"三大要素构成，企业依此全方位优化运营环节，

充分释放数字化潜能,提升核心竞争力;深刻揭示了数字化与工业革命一脉相承的紧密联系,助力当下企业借时代东风,稳健踏上数字化转型征程。总之,这是一本极具理论和实操价值的专业图书,是工业企业数字化转型路上的实操指南。

——檀林　北大汇丰商学院创业实践导师、海创汇合伙人

这本书对于工业数字化本质的剖析深刻入微,创新提出且深入分析了增强感知、提升智能、自动控制等途径的优劣,为企业构建了基于战略的数字化转型坐标。敏捷实践部分则带来了转型过程中的"地气",生动展示了数字化在不同层级的实际应用,从集中监控到智能控制,为企业提供了可落地的操作范例,以及激发组织上下的转型决心和打破传统桎梏的做法。

——姚秋晨　慎思行创始合伙人、元一洞察创始人兼CEO

在锐捷,我们始终倡导数字化转型的目标是为业务赋能。这本书中的理念与我们的发展战略高度契合,为我们的企业数字化转型提供了丰富的实践指导。我相信,这本书将为所有进行工业数字化转型的企业和个人提供宝贵的启示。

——刘弘瑜　锐捷网络股份有限公司副总经理

看到王总将多年的实践经验提炼成系统化的方法论,为更多企业赋能,我深感欣慰。悠桦林愿与王总携手,帮助更多中国企业提升智能决策水平,共同推动中国企业的数字化、智能化转型。

——肖芳芳　悠桦林信息科技(上海)有限公司CEO

这本书提炼了作者丰富的实践经验,特别是在数字化转型的路径与方法上,提到企业数字化转型是一个复杂的系统工程,不可能一蹴而就,应该建立优化迭代的机制循序推进。希望这本书能够激发更多人对数字化转型的兴趣,抓住这个时代性的机遇,

实现更多的突破与创新。

——姜庆明　苏州德迈科电气有限公司总经理

　　这本书深入探讨了数字化转型的系统化路径，结合大量真实案例，详细阐述了数据驱动与技术创新如何帮助企业提升效率、优化管理、提升市场竞争力。本书既有理论高度，又有实践操作细节，为行业从业者与决策者提供了极具价值的参考。

——李磊　新能源领域资深专家

　　作者结合企业实际案例，深入探讨了如何通过数据与业务互动，以及虚拟世界的数字流如何驱动现实世界的业务流，创造价值。这本书不仅具有理论深度，还能为工业企业在数字化转型过程中提供切实可行的指导，尤其在敏捷实践和系统思维的应用上具有重要意义。

——集智俱乐部

# 前言

## 为什么要写这本书

谈到数字化，人们往往首先被各种先进的人工智能技术吸引，如大数据、云计算、物联网、数据挖掘和人工智能等。这些技术快速发展，不断地推陈出新。同时，在产业政策的引导和商业的包装下，产生了许多与数字化相关的新名词和新概念。"每个行业都值得用数字化重做一遍"，每个企业都在进行数字化转型。然而，多数企业并没有想清楚为什么要做数字化，自己应该如何进行数字化转型。一些咨询公司提供的整体蓝图规划和各种软件模块不仅成本高昂，其效果也难以保证。

实践中的数字化转型更是步履维艰，很多企业在数字化转型道路上艰难地摸索。一些企业对数字化抱有不切实际的幻想，简单模仿其他企业，照搬"成功经验"。一些传统企业则认为数字化无用，固守已有经验难以突破，问题反复发生。有的企业轰轰烈烈地开发了许多管理系统，却未能带来预期效果；建设了大数据平台，却缺乏对数据的分析和有效利用。有些数字化项目，最终仅仅停留在数据采集，并通过可视化大屏展示上，而业务本身仍然按照原有模式运行，数字化部门与业务方各自讲着不同的故事。

数字科技日新月异，而工业企业的技术发展缓慢，很多企业使用的还是十多年前的技术。如何将数字化技术应用在实际业务中，让数字化产生价值，是大家普遍关注的问题。我们迫切需要一座拱桥，连接数字世界和现实世界，如图1所示。设计数字化方案就是架设这座拱桥，大数据、人工智能等数字化技术作为拱桥的构件，实现数据流驱动业务，减少生产过程的波动，提高良品率，加快市场响应速度，提升市场竞争力。

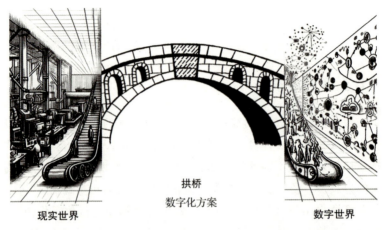

图 1　连接现实世界和数字世界的数字化方案——拱桥

工业领域的业务具有高度的复杂性和独特的规律，通常不可能仅凭一两个孤立的技术解决问题。数字化转型是一个复杂的系统工程，如果不从全局的系统视角对业务进行优化，仅依赖单一的数字化技术很难真正解决问题。

我在工业企业有丰富的实践经验，主导过多个研发项目，如变频器、智能风机、智慧风场和智能电网，还参与过智能制造灯塔工厂的项目。在走过了许多弯路后，我总结出一套数字化转型的系统方法。

数字化转型应紧密围绕业务价值，针对业务中的不确定性因素，通过"感知、决策、行动"三个环节构成闭环优化的回路，从而消除不确定性干扰的影响。

基于我在工业企业的实践经验，借鉴复杂性系统科学，尤其是系统控制论，本书提出工业数字化转型的系统方法，并探讨数字化的底层动力和根本趋势。我希望基于实践的理论总结，能够帮助工业企业更清晰地认识到数字化和智能化转型的趋势与本质，启发它们结合自身业务，思考适合自己的务实而有价值的数字化转型策略。

大道至简，复杂的数字化转型必然存在简单的本质。我希望通过入世的企业实战与出世的终极追问，帮助更多企业在数字化转型的道路上少走弯路，通过建立数字世界和物理世界的桥梁，让人工智能真正嵌入工业企业的业务内核中。

## 读者对象

本书适用范围广泛，任何对数字化感兴趣的读者都可以阅读，包括但不限于：

- 企业高层领导和管理者，如首席执行官（CEO）、首席信息官（CIO）、首席数据官（CDO）。本书对数字化的本质进行了重新思考，能够提升这些读者对数字化的科学认识，消除人工智能的神秘感，让他们了解如何通过数字化创造价值。
- 企业的战略部门、创新变革部门以及数字化转型团队（包括 IT 专家、算法专家、数据科学家和项目经理）。本书可以澄清这些读者对数字化转型的困惑，并帮助他们建立以价值为导向的数字化转型路径。
- 工业领域的业务部门。本书提出了基于工业机理的业务建模和数字化方案设计方法。该方法旨在帮助业务部门（包括研发人员、工艺专家、设备专家和生产运营团队）消除对数字化技术的恐惧感，让其从自身业务出发设计有价值的数字化方案。此外，本书还将探讨数字化转型过程中涉及的文化与组织问题，以及企业的人力资源和其他支持团队的角色。

- 技术相关的政策制定者和产业经济研究者。本书适合政府部门的政策制定者、投资者（特别是科技领域的风险投资者和二级市场投资者）、产业经济研究者以及学术界的教师和学生阅读。通过本书，这些读者可以深入了解数字化在各个领域的应用及潜在价值，从而更好地制定相关政策和投资决策。

## 本书特色

工业企业需要脚踏实地的精神和求真务实的态度，本书具有以下特色。

- 坚持业务导向：数字化必须服务于业务。本书探讨将数字化嵌入具体业务活动的方法，如何驱动业务实现快速反应、降本增效，或者研发创新，并最终创造价值。
- 坚持本质思考：本书从理工科的视角探讨数字化的技术本质以及智能演化的底层驱动力，并从宽广的历史视角审视人类社会的智能化进程。
- 跨学科系统思维：本书将数字技术视为企业的一个关键生产要素，专注于数据与业务间的互动规律，从全局视角解释虚拟的数字流是如何通过现实的业务流来创造价值的。
- 理论联系实际：我们无法直接模仿先进企业的实践，因为每个案例都受特定条件的偶然性影响。只有通过对实践案例的理论提炼，才能实现经验教训的跨领域迁移，从而为读者提供真正有用的指导。

## 如何阅读本书

本书共10章，分三篇。第一篇（第1~4章）是系统方法，提出数字化转型的系统方法；第二篇（第5～8章）是敏捷实践，具体讨论不同业务领域进行数字化转型的实践；第三篇（第9和10章）是探讨与展望，只有从底层理解了智能发展的逻辑，才能更好地展望未来。

为了探讨数字化的本质，第一篇对生活中读者耳熟能详的数字化产品如数码相机、智能手机进行了研究。虽然工业领域数字化转型的对象和场景有很大差异，但是对成功了的数字化进行研究，可以提炼数字化和智能化的本质。本篇还借鉴对狭义数字化本质的思考，提出广义数字化的模式。

在提出数字化转型的系统方法之前，本篇先对常见的数字化路径做了归类和分析，指出这些都是片面地强调了"智能"的一个要素：围绕数据增强"感知"，建设数据中台，构建工业互联网，形成建设中台的数据之路；围绕"认知"开发AI算法，提升决策智能，打造工业大脑，形成AI算法之路；围绕"行动"推进机制的自动化、无人化，建设黑灯工厂，形成自动化之路。系统方法则立足于业务能力提升，选择最必要的数据、智能算法并自动执行，构成完整的数据闭环，数据驱动业务，最终闭环实现价值。也就是说，"感知、决策、行动"这三个环节必须有机地融合在一起。

第二篇将方法论应用到具体的实践中，讨论如何通过数字化技术实现企业的战略转型。

本书强调敏捷迭代，数字化转型是个系统工程，更是实践中的智慧。对于高度不确定的问题，无法追求确定的数字化做法，不妨将你的想法尽快付诸实践，并基于现实的反馈快速修正。在数字化的方案中，数据流比数据更重要；在不确定的世界，迭代反思比方案完美更重要。在行动中遇到困难的时候，不妨再翻翻本书，暂时从现实中抽离，换个角度看问题，也许能有不同的启发。

首先，本篇讨论现有业务在数字化赋能之下如何优化运营、降本增效，以及如何利用数字化实现技术创新和进行产品研发。

数字化成为研发的底层技术，技术要素和创新方式可能会给研发带来颠覆式改变。其次，本篇探讨数字时代的敏捷组织和面向未来的开放文化。数字化不能仅仅关注生产力，还要考虑生产关系。数字化赋能业务，提升业务的敏捷响应能力，这是生产力的跃迁。如果只考虑生产力本身，生产关系就会反过来限制和阻碍数字化生产力的发展。

第三篇对哲学底层进行探索并对未来进行展望，即从哲学底层探讨了数字化和智能化的核心驱动力，并基于此对智能化的后工业社会进行预测。

短期来看，围绕数字化似乎有各种分歧和争论，但从人类发展的历史来看，智能演化的趋势十分明显。如果说文字和早期文明开启了人类的文明时代，那么数字化和智能化革命则预示着机器文明时代的到来。如何在智能时代更好地生存，实现智能机器与人类的和谐共处，是积极推动数字化的人士需要深思的问题。技术越发达，人文关怀的指引就越重要。在智能的后工业时代，我们期望机器能展现更多的人文关怀。让我们共同努力，推动数字化在企业中创造价值，让人工智能为人类服务。

## 勘误与支持

由于作者水平有限，书中难免存在疏漏之处，恳请读者批评指正，联系方式 xywang@xywang.org。另外，我还制作了本书的问答机器人（链接 http://book.xywang.org），读者可以与机器人对话，快速获取书中相关内容。

## 致谢

首先，我要衷心感谢宁德新能源科技有限公司的智能制造总监闪星、CIO 梅灯银、研发总监程文强、ME 总监蔡开贵、PE 总监刘胜、PMC 经理许康杰、资深经理曹莉等人，我们共同推动了多个重要的数字化项目，那些日夜奋战的时光，铭记在心。特别感谢 CEO 耿继斌，他不仅给予我极大的信任与支持，还鼓励我对外分享。

感谢三一重工高级副总裁周富贵、代晴华，他们坚决拥抱数字化，积极建设智慧风场和灯塔工厂，才让我有机会逐渐形成用"感知、决策、行动"思考数字化的框架。

感谢江苏富淼科技有限公司的董事长熊益新、总裁金玮、副总裁李平，他们创新求变，为实现数字化提供了广阔的舞台。感谢数字化变革部总监杨凌伟、生产中心总监周涛、工艺研发总监何国锋，与我一起践行价值落地的理念和业务数字化深度融合的方法。

感谢首席创新官社区的任煜、刘立、柏翔、檀林、余珺、武文光、贺斌、魏战一、蒋立丰等老师和朋友，各位丰富的实践经验和对创新的执着探索，激励着我不断思考数字化如何推动企业的持续创新。

感谢圣塔菲研究所和集智俱乐部，它们跨学科研究复杂系统的方法为我提供了坚实的理论基础。

感谢我的哲学启蒙老师王东岳，让我在哲学层面探索了后工业时代的底层逻辑，从而对智能化趋势深信不疑。

感谢我的内家拳师父谢海隆，他返璞归真的道家思想，让我在推进数字化的过程中坚持以人为本，保持中正、和谐与平衡的理念。

最后，我要感谢我的家人。近七年里我往返北京、宁德和上海，工作繁忙，妻子默默承担了家庭重任。儿子王欣哲对科学和 AI 浓厚的学习兴趣，女儿王欣慧对一切事物充满了好奇，让我看到了智能时代的希望，激励着我不断深入思考、学习。

# 目录

赞誉
前言

## 第一篇　系统方法

**第1章　不确定时代的工业数字化转型**　　002
  1.1　狭义的数字化　　003
    1.1.1　信息技术的数字化　　005
    1.1.2　生活领域的数字化　　007
    1.1.3　工业领域的数字化　　008
  1.2　广义的数字化　　010
    1.2.1　信息物理系统　　011
    1.2.2　数字化的本质特征　　012
    1.2.3　工业数字化的概念和内涵　　016
    1.2.4　数字化如何创造价值　　018
    1.2.5　与业务匹配的数字化　　021
  1.3　智能的三个要素　　022
    1.3.1　什么是数智化　　022

| | | |
|---|---|---|
| 1.3.2 | 智能的维度 | 023 |
| 1.3.3 | 类比人来理解智能 | 025 |
| 1.3.4 | 数字化转型的要素 | 026 |
| 1.3.5 | 智能的底层要素 | 027 |
| 1.3.6 | 智能的层级 | 030 |
| 1.3.7 | 超越智能 | 033 |

1.4 数字化转型的历史背景　　034
    1.4.1 四次工业革命　　034
    1.4.2 技术发展的逻辑　　035
    1.4.3 社会流动的逻辑　　037
    1.4.4 数字化的时代背景　　040

1.5 本章小结　　042

# 第2章 以数字化应对不确定性　　044

2.1 不确定性加剧的 VUCA 时代　　045
    2.1.1 封闭与隔离　　046
    2.1.2 前馈方式：可以预见的扰动　　047
    2.1.3 反馈方式：无法预见的扰动　　048

2.2 用数字化从不确定性中获益　　049
    2.2.1 纵向资源整合　　051
    2.2.2 商业价值网络重构　　052
    2.2.3 内部闭环控制　　055

2.3 创造价值的数字化　　056
    2.3.1 数字化的常见误区　　056
    2.3.2 创新的跃迁创造价值　　063
    2.3.3 业务与数字化的二维矩阵　　064

  2.3.4 数字化的企业心流  067
  2.3.5 举例：工艺与质量的数字化  069
 2.4 低成本的数字化  071
  2.4.1 快速变化与信息碎片  072
  2.4.2 十倍速的机会  073
  2.4.3 避免盲目投资的浪费  077
 2.5 数字化的场景举例  078
  2.5.1 精益管理：消除工厂浪费  078
  2.5.2 设计降本：挖掘设备的设计裕量  079
  2.5.3 智能交通：缓解交通拥堵  082
 2.6 本章小结  083

## 第3章 工业数字化转型的常规路径与集成探索  084

 3.1 增强感知之路：数据中台和工业互联网  085
  3.1.1 工业物联网：硬件成为数据入口  086
  3.1.2 工业互联网：打通数据孤岛  098
 3.2 提升智能之路：AI算法和工业大脑  101
  3.2.1 计划排程与资源调度  101
  3.2.2 实时模拟的数字孪生  106
  3.2.3 数据分析的算法  109
 3.3 自动控制之路：自动驾驶和无人工厂  111
  3.3.1 工业机器人  112
  3.3.2 智能设备  113
  3.3.3 人机融合  114
  3.3.4 流程自动化  115
  3.3.5 无人工厂  116

## 3.4 数字化与工业化如何融合　　116
### 3.4.1 数字化重新定义制造　　117
### 3.4.2 以数字化的方式推进数字化转型　　123
## 3.5 系统集成的探索　　124
### 3.5.1 产业标准　　124
### 3.5.2 蓝图规划　　126
### 3.5.3 软件架构　　127
## 3.6 本章小结　　130

# 第4章 工业数字化转型的系统整合之路　　131
## 4.1 打破束缚，变革业务　　132
### 4.1.1 为什么数字化转型效率不高　　133
### 4.1.2 技术创新如何创造商业价值　　133
### 4.1.3 业务创新与边界拓展　　139
## 4.2 基于控制论的系统整合方法　　145
### 4.2.1 数字化转型的常规道路　　145
### 4.2.2 数字化的系统整合方法　　147
### 4.2.3 工业数字化的系统集成框架　　152
### 4.2.4 基于控制论的理论框架　　153
## 4.3 设定数字化的价值目标　　160
### 4.3.1 围绕价值链的核心环节　　161
### 4.3.2 加强核心竞争能力　　163
### 4.3.3 提升价值创造的业务能力　　165
## 4.4 选择有价值的场景　　168
### 4.4.1 价值驱动的数字化　　168
### 4.4.2 场景价值的判断条件　　171

4.4.3　数字化的评测模型　175
4.5　本章小结　178

# 第二篇　敏捷实践

## 第 5 章　变革赋能的业务数字化实践　181
5.1　数字化的技术与发展层级　182
　5.1.1　数字化技术的发展历程　182
　5.1.2　智能制造的阶段　183
　5.1.3　不同数字化阶段的特征　185
5.2　实时在线：全局视角的集中监控　188
　5.2.1　集中监控中心　188
　5.2.2　运营控制塔　191
　5.2.3　管理驾驶舱　192
5.3　自主决策：数据驱动的快速响应　195
　5.3.1　基于规则的自动响应　196
　5.3.2　工作流引擎　197
　5.3.3　设备数据流　197
5.4　智能控制：自适应的实时优化　199
　5.4.1　精密机械加工的工艺优化　201
　5.4.2　复杂工序的跨工序优化　203
　5.4.3　精细化工的高级过程控制　204
5.5　设计数字化业务方案的方法　208
　5.5.1　设计思路的改变　209
　5.5.2　设计流程的改变　211
　5.5.3　数字化方案设计方法　212

|     |       | 5.5.4 解构：从需求中挖掘真问题 | 214 |
| --- | --- | --- | --- |
|     |       | 5.5.5 重构：从思维突破到创新设计 | 216 |
|     |       | 5.5.6 业务数字化的设计模板 | 217 |
|     | 5.6   | 本章小结 | 220 |

## 第 6 章　最小作用力下的敏捷迭代　　221

| 6.1 | 放弃确定性蓝图，追求迭代式进化 | 222 |
| --- | --- | --- |
|     | 6.1.1 从不确定性中获益 | 222 |
|     | 6.1.2 数学中的迭代原理 | 224 |
|     | 6.1.3 迭代复杂问题的应对策略 | 226 |
|     | 6.1.4 从不确定性最大的场景开始 | 227 |
| 6.2 | 敏捷迭代的机制 | 228 |
|     | 6.2.1 PDCA 式的迭代机制 | 228 |
|     | 6.2.2 闭环控制的迭代机制 | 229 |
|     | 6.2.3 自组织式的迭代机制 | 230 |
| 6.3 | 最小作用力原理 | 232 |
|     | 6.3.1 复杂问题的简单解法 | 232 |
|     | 6.3.2 人体组织的隐喻 | 235 |
|     | 6.3.3 减少转型的阻力 | 236 |
| 6.4 | 本章小结 | 237 |

## 第 7 章　突破创新的数字化研发　　239

| 7.1 | 语言变革：专家的应用型编程 | 239 |
| --- | --- | --- |
|     | 7.1.1 面向专家的编程语言 | 240 |
|     | 7.1.2 ChatGPT 成为新的生产工具 | 244 |
|     | 7.1.3 对专家友好的人工智能 | 246 |

## 7.2 逻辑变革：人机协作的工业智能 247
### 7.2.1 知识的结构 249
### 7.2.2 从专家知识到算法模型 250
### 7.2.3 从必然性逻辑到可能性逻辑 253
### 7.2.4 从人机分离到人机协作 255

## 7.3 领域变换：跨界映射的工业智能 261
### 7.3.1 流动的技术 261
### 7.3.2 跨领域借鉴与创新 262
### 7.3.3 数学建模 262
### 7.3.4 锂电池行业案例 266

## 7.4 数字化研发的新范式 267
### 7.4.1 基于虚拟样机，优化产品设计 267
### 7.4.2 技术创新的第四范式 268
### 7.4.3 工艺研发数字化 270

## 7.5 本章小结 272

# 第8章 数字时代的敏捷组织和开放文化 273

## 8.1 生命范式的复杂管理学 274
### 8.1.1 对抗不确定性需要复杂性思维 275
### 8.1.2 组织与文化协同进化 276
### 8.1.3 组织与文化的一致性 278

## 8.2 企业的生命系统模型 279
### 8.2.1 企业的生命系统 280
### 8.2.2 企业的活系统模型 282

## 8.3 提升情感与品味，激活心流与创新 283
### 8.3.1 企业的三大核心系统 284

  8.3.2 情感智能 285
  8.3.3 品味与用户体验 288
  8.3.4 向善的价值观 290
  8.3.5 企业的心流与创新活力 291

8.4 数字时代组织的敏捷进化 293
  8.4.1 赋能型的敏捷组织 294
  8.4.2 组织结构的优化与发展 297
  8.4.3 液态组织与自组织 298

8.5 本章小结 302

## 第三篇 探讨与展望

## 第 9 章 数字化的底层逻辑与哲学反思 304

9.1 加速流动的现代社会 305
  9.1.1 加速发展的技术 305
  9.1.2 越来越流动的社会 307

9.2 不确定性驱动数字化的演进 310
  9.2.1 产品智能化的演进趋势 310
  9.2.2 数字化演进的驱动力 313

9.3 信息和智能的哲学反思 314
  9.3.1 赛博系统 315
  9.3.2 信息哲学 316

9.4 转型和发展的哲学反思 317
  9.4.1 自然演化的方向 318
  9.4.2 竞争位态驱动社会进化 318

9.5 本章小结 320

## 第 10 章　未来展望　322

### 10.1　不同行业实施数字化的差异　323
#### 10.1.1　产业链位置的差异　324
#### 10.1.2　行业的差异　325
#### 10.1.3　工业数字化对其他行业的启示　325

### 10.2　选择适合自己的数字化策略　327
#### 10.2.1　数字化的充分必要条件　327
#### 10.2.2　积极的数字化策略　329
#### 10.2.3　保守的数字化策略　332
#### 10.2.4　过犹不及：适度数字化　335
#### 10.2.5　数字化转型策略　336

### 10.3　日益复杂的后工业时代　337
#### 10.3.1　跨学科融合　338
#### 10.3.2　跨领域融合　339
#### 10.3.3　数字化转型的方向　340
#### 10.3.4　不确定性驱动的复杂演化　341

### 10.4　AI 时代的个人生存　343
#### 10.4.1　用信任对抗信息　344
#### 10.4.2　用创意对抗算法　345
#### 10.4.3　保持个性　346
#### 10.4.4　终身学习　347
#### 10.4.5　Π 型复合人才　348

### 10.5　本章小结　351

| 第一篇 |

# 系统方法

　　大多数企业对数字化的认知缺乏独立思考,仅仅盲目模仿先进者的片面经验,不仅无助于解决业务问题,还形成一些偏见,例如认为数字化成本高昂、高端且难以实现等。我认为,数字化应与业务深度耦合,不能简单照搬其他企业的数字化策略。只有深入思考数字化的基础层面,并结合自身业务价值进行深入探讨,才能找到适合自己的数字化之路。

　　第 1 章是对数字化的本质思考,尤其关注数字化如何帮企业创造实际的业务价值。

　　第 2 章继续追问数字化转型的底层动力,提出数字化的根本动力来自企业日益增长的不确定性,不确定性是后工业时代的最大挑战。

　　第 3 章基于对前两章的底层思考,对转型的主流做法进行批判性的总结。

　　第 4 章提出数字化转型的系统方法,将企业类比为一个人,数字化是企业心智的分化和进化。

## 第 1 章
## 不确定时代的工业数字化转型

2020 年,"数字化"从早期小众的技术词汇,迅速成为热门词汇。"数字化"这个概念不再限于信息媒介的格式,其含义和应用更备受关注。也就是说,大家更多地关注数字化技术与企业的经营和业务相结合,"数字化"的内涵和外延已大大拓展。在未来的十年,数字化在广度和深度上都将更加深入,在企业内外部会引起更强烈的变革。在广度上,一切商业都将数字化;在深度上,产品从创意到研发和生产的一切环节都将数字化。

数字化改变了人们处理信息的方式,是企业应对不确定性的巨大红利。"不确定性"反映了当今时代的信息大爆炸——信息量快速增加,信息越来越复杂,每个人、每个企业都需要提高信息处理的能力。工业企业的数字化转型,本质上是优化处理和利用信息的方式,以便更灵活、更高效地应对不确定性的变化。虽然信息技术早已被工业企业广泛采用,每个企业或多或少都有信息化系统，但是主要的管理方式仍然以人为主，经营模式主要是应对确定的场景。

"不确定性"指我们没有足够的知识和信息来描述当前情况或估计将来的结果。在经济学中，不确定性对应着风险。在信息论中，不确定性对应着信息含量。这本是一个哲学、统计学及通信中的抽象概念，却能恰当地描述这个时代的主要特征。

随着信息量的增加，竞争的格局和社会的结构也在迅速发生变化。不确定性日益成为工业企业面临的重大挑战，无论是市场、供应链的波动，还是技术的突破式创新，用传统的应对方式都无法奏效。企业需要快速响应变化的市场，将固定的业务流程转为动态的自适应流程，以数字化的信息来调度资源。无论是主动还是被动，各行各业都不得不面对数字化转型的现实。

## 1.1 狭义的数字化

数字化并不是新概念，几十年前很多领域已经实现了"数字化"，如数码相机、数字电视。狭义的数字化，是数字格式的采集、通信、存储。20世纪90年代，数字化技术发展迅猛，现在已经趋于成熟。

"数字化"的本意是一种信息的编码方式，是将模拟信号转化为数字信号。狭义的数字化是信息媒介的变化，实践中一般是二进制编码。数字化是从原始的自然媒介（信息是连续变化的模拟信号），转变为电子的数字媒介（信息是离散的数量编码），通过在时间和频率上对有限信道的复用，扩大通信能力。

数字编码扩大了信息的传播，总的信息量持续增长，其中模拟信息的占比越来越少。信息的格式逐渐转变，越来越多的模拟信息被数字化的信息取代,如图 1-1 所示㊀。

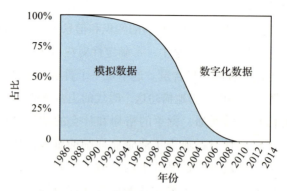

图 1-1　信息存储方式的变化

信息格式的数字化,势必引发连锁反应。信息在处理和使用上产生的深刻影响,促成一波又一波的数字化浪潮。过去发生了三次大的数字化浪潮。

- 1990—2000 年:数字音乐、数码相机、流媒体视频、会计电算化。
- 2000—2010 年:电子媒体、数字电视、网上购物、办公自动化。
- 2010—2020 年:量化金融、数字货币、智能交通、智慧零售、电动车、在线教育。

这 30 年,数字技术对各行各业产生了深远的影响。1997 年尼古拉·尼葛洛庞帝的《数字化生存》被誉为互联网启蒙之作,书中对未来的描绘,使其看上去像一本科幻小说。2000 年之后,互联网开始真正蓬勃发展,再读这本书,发现更像在记录过去。

这些以信息格式的改变为特征的数字化,是以新技术导入为

㊀ 图片数据来自美国南加州大学 Martin Hilbert 所做的研究报告。

主,可以视为狭义的数字化。2020 年之后,数字化与实体经济更深度地融合,就不仅仅是信息格式的改变,而是虚拟空间的数据流改造实际业务活动,是以实际业务创新为主,可以视为广义的数字化。

### 1.1.1 信息技术的数字化

数字化是 20 世纪 50 年代后新技术的基本范式。通信技术、计算机技术、控制技术(Communication,Computer,Control,3C)作为信息时代的通用性基础技术,率先实现了数字化,分别发展为数字通信技术、数字计算机技术、数字控制技术。

#### 1. 数字通信技术

过去 30 年,以信息与通信技术(Information and Communications Technology,ICT)为代表的数字化技术发生了翻天覆地的变化,通信的成本迅速下降,性能大幅提升。

早期电视采用模拟信号,每个频道发送不同的内容,而数字电视信号能分时复用信道,不再有雪花、重影,画质更高,音效更佳。而且,从单向传播到双向通信,用户参与内容互动,也变革了影视创作方式,产生了互动电视、互动式电影。最终,有线电视网、电信网和计算机互联网融合,实现了"三网合一"。

20 世纪 80 年代的电话机是固定有线电话,要用手摇号码盘拨号。20 世纪 90 年代,"大哥大"摆脱了电线的束缚,用数码键盘拨号。模拟电话只能传送声音,容易受干扰。数字编码的通信信噪比高,抗干扰能力更强,而且同时传送控制信号和语音信号,能动态扩频、自动跳频。

摩托罗拉随后推出便携蜂窝电话,基于数字技术的 GSM(全球移动通信系统)手机,迅速发展成为智能手机。

第一代（First Generation，1G）无线通信技术可以理解为去掉了电话线的模拟通信技术。1995年，我国十几个省市相继推出第二代（Second Generation，2G）无线通信技术，它采用GSM数字移动通信的方式，优点十分明显：通话质量好、噪声小、抗干扰能力强、保密性能好、容易开通多种新业务、便于与数据通信接轨等。之后，第三代（Third Generation，3G）无线通信技术登场，第四代（Fourth Generation，4G）无线通信技术、第五代（Fifth Generation，5G）无线通信技术紧随其后，性能不断突破极限。

### 2. 数字计算机技术

计算机技术经历了从模拟计算机到数字计算机的转变。20世纪30年代，图灵设计了现代计算机的原型，它能模拟人类思维中相对机械的计算功能。最初的计算机是基于模拟电路进行计算的，第二次世界大战期间，模拟计算机被用于火炮系统。在一些传统工业领域，至今仍存在部分模拟计算机来执行控制和安全保护。

模拟计算机利用电子、机械、液压等物理现象的不断变化，来模拟所要解决的问题。模拟计算的过程容易受到噪声干扰。在20世纪50年代之后，模拟计算机逐渐被数字计算机取代。数字计算机将连续变量进行离散化，即使受到干扰也能精确可靠地重复计算。

直到电子计算机出现后，人们在"计算机"前面加上"电子"或"数字化"的前缀，特指有别于人类的"计算机"。其实，"计算机"最初的概念并不是指机器，英文原词"Computer"是指从事数据计算的人，他们往往需要借助某些机械计算设备或模拟计算机进行计算。早期计算设备有算盘、古希腊人用于计算行星的安提基特拉机械、使用转动齿轮的"计算钟"等。计算机的数字化产生了独立于人的计算机器,取代了人类思维中的机械部分的工作。

### 3. 数字控制技术

追根溯源,"数字化"源于 20 世纪 40 年代美国贝尔实验室提出的奈奎斯特 – 香农采样定理[○],即可以用离散的数字信号不失真地逼近连续的模拟函数。这是数字信号处理领域的重要定理,建立了连续信号(通常称作"模拟信号")与离散信号(通常称作"数字信号")之间的桥梁。

由于数字信号具有较强的抗干扰能力,也便于计算处理,因此信息论的研究重点从连续的模拟信号转变为离散的数字信号,发展成为"现代信号处理理论"。在自动控制领域,数字控制可以更精确、可靠地重复控制的效果。控制论从基于连续模拟信号的频域分析,转向离散的数字信号控制,发展成为"现代控制理论"。

## 1.1.2 生活领域的数字化

数字化的发展如此迅速,时代的变迁让我们每个人都有切身的经历和体验。通过我们熟悉的生活用品,也能窥见时代的变迁。

- 照相机:从胶片相机到数码相机(Digital Camera,DC)和数码摄像机(Digital Video,DV)。
- 数码音乐:20 世纪 80 年代的磁带,20 世纪 90 年代的随身听,2000 年前后出现数码音乐。我们熟悉的 MP3 音乐,

---

○ 出自哈里·奈奎斯特 1928 年发表的论文"Certain topics in telegraph transmission theory",后由香农等人给出严格的数学证明。

就是音乐的一种高压缩率编码技术。

- 数字存储：计算机早期是使用坚硬的磁性旋转盘片存储数据的，包括硬磁盘（Hard Disk Drive，HDD）、5英寸[①]软盘、3英寸软盘、移动硬盘。现在的硬盘数据存储在半导体芯片上，如Flash，数字化的硬盘被称为固态硬盘（Solid State Drive，SSD）。

20世纪90年代，数字化技术主要指信息载体的变化，如数字电路中的模数转化（Analog to Digital Conversion，ADC）就是将模拟信号转化为数字信号的电路。类似的应用还有：

- 数字化出版：指从印刷的实体书到不再印刷的电子书。
- 数字化教育：指从面对面的教育到线上教育。
- 数字化非遗保护：仅指建立原有系统的数字世界中的模型并呈现。
- 数字货币：既然货币只是一个符号，就可以用数字的符号代替实在的纸币。
- 数字签名：不只是将物理的签名转化为电子信息，更强调信息的防伪，使用非对称密钥加密，不可抵赖。

### 1.1.3 工业领域的数字化

开关电源是数字化的电源。电子产品离不开电源，早年笔记本电脑的电源适配器是线性电源，又大又重，携带很不方便；20世纪80年代，日本东芝开发了开关电源，电能不再是连续变换，而是脉冲式变换，通过每秒几千次地快速开通、关断供电回路，能减少电源体积，提高充电速度，在实现灵活受控的同时体积和重量大大减小；2000年之后，基于高度集成的数字控制的电源

---

① 1英寸 = 0.0254米。

小巧而时尚，DSP（数字信号处理器）逐渐取代了模拟电路和专用控制芯片。设计工作中，电路占比越来越少，软件和编程越来越多。

数控机床是机械加工的数字化。机床是金属零件加工的"母机"，它伴随着工业革命诞生与发展。1774年，威尔金森发明了炮筒镗床，制造了瓦特蒸汽机所需的汽缸，机床和蒸汽机协助发展，促成了轰轰烈烈的工业革命。1947年，受美国空军委托，Parsons公司与麻省理工学院使用计算机控制机床，实现了直升机螺旋桨的精密加工，后来演化为机床的计算机数控（Computer Numerical Control，CNC）系统。

在工程技术方面，传统的过程控制和保护继电器系统，使用模拟计算来执行控制和保护功能，在20世纪90年代也逐渐实现数字化，被称为"微机继电保护"。

在能源电力领域，智能电网的发展为其他工业领域提供了很好的案例。电力系统是目前最庞大、最复杂的人造系统之一，率先采用最新的技术。可以借鉴现代电力系统，研究数字化技术如何改造传统的业务。

自从19世纪末人类发明电力以来，电力系统都是基于发电机、输电线路的自然特性，被动地适应各种设备的电压、电流的特性。1988年，美国电力研究协会（Electric Power Research Institute，EPRI）提出柔性交流输电系统（Flexible Alternating Current Transmission System，FACTS），用可控的新型电力电子器件取代传统的机械式开关，可以根据发电和用电的平衡情况精确地控制电力输送的能力和流向。电网调度人员可以自由地改变电能的电流流向（电力系统的潮流控制）。

柔性交流输电系统是软件定义的硬件，其特性主要取决于软件中的控制策略。随着可控的电力器件和数字化技术的发展，最新的信息技术、物联网技术、通信技术、自动控制技术迅速在电力系统中得到应用。数字化技术让传统的电网升级为智能电网，这又反过来促进能源结构的变革。智能电网支撑了广泛的应用，可以更清洁、更经济地发电，更安全、更高效地传输，更便捷、更可靠地用电。

## 1.2 广义的数字化

进入 21 世纪后，计算机、通信技术继续加速发展，其底层逻辑和理论依然围绕信息处理效率和能力。狭义的数字化只关注数据获取和信息格式，当数据量充足之后，数字化的内涵和外延大幅拓展。广义的数字化关注信息的处理方式，强调信息的含义，并让数据发挥价值。

如果说数据是资产，那么工业企业的数据是易于采集、难以利用的资产。工业生产过程中，自然会产生大量的数据，如何让数据产生价值呢？

狭义的数字化特指数据采集，将物理空间映射到数字空间，如果不能反作用于物理世界，再多的数据也是虚幻的。信息存在于虚拟空间，只有与实体系统进行互动才能产生价值。数据作为新的生产资料，必须与其他要素互动才能产生价值。以数据为中心，能根据需要动态组织资源，比起固定层级的组织可以更有效地利用资源。数据驱动企业的经营活动，能更快、更有效地处理异常。

数字化是现有技术的新组合，尤其是信息技术（Information Technology，IT）与运营技术（Operational Technology，OT）的深度组合。信息化与工业化究竟该如何融合，目前缺少公认的方法论。这两个领域有各自的语言和思维结构，深度组合面临各种冲突、碰撞。从 IT 和 OT 的具体技术概念跳出来，用稍微抽象的系统科学可以更好地实现跨领域融合。有价值的智能，必须能够反作用于实体而构成一个完整的闭环，这恰好是控制理论所研究的范畴。因此，系统科学和控制理论可以作为数字化转型的底层理论。

图 1-2 显示了数字世界与物理世界的双向互动过程。数据必须形成决策，并驱动行动，才能改造物质实体而产生价值。能驱动行动的数据是有生命的，如果不能改变物质世界中实体的运行方式，再多的数据、再高级的智能都是毫无用处的。

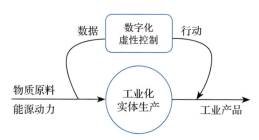

图 1-2　数字世界与物理世界的双向互动过程

数字化是对实际工业生产过程的重塑，闭环的数据流能改变工业实体的特性。快速流动的信息经过智能的算法自动形成决策，可以快速调控实际的生产过程，对资源进行更深度的优化。数字化加速了数据的流动，数据与实体生产以更快速、更有效的方式互动，通过提高反应速度，企业获得了灵活应对不确定性的新能力。

### 1.2.1　信息物理系统

数字化需要系统科学的思路和方法。数字化与工业化的双向互动过程，可以用信息物理系统（Cyber Physical System，CPS）

表达，其中 C 代表数字空间的虚拟系统，P 代表物理空间的真实实体。CPS 是计算机、网络通信和物理环境深度融合的复杂系统。如同互联网改变了人与人的互动模式一样，CPS 将会改变我们与物理世界的互动模式。通过数字化接口，CPS 实现了计算进程与物理进程的交互，在数字空间以远程、可靠、实时、安全、协作的方式操控物理实体。

从本质上说，信息物理系统是一个具有控制属性的网络。信息在软件和硬件之间流动，在不同时间、空间尺度上以新的结构（如循环因果、闭环负反馈、多环路嵌套等）耦合出新的有目的的行为，给机械的硬件注入生命。

任何具有自动控制机制的系统，尤其是通过一套软件实现了自动的反馈控制的系统，都可以将包含整个回路的系统视作 CPS。随着数字化技术的发展和普及，使用计算机和网络实现功能扩展的物理设备将无处不在，并推动工业产品和技术的升级换代，极大提高汽车、航空航天、国防、工业自动化、健康医疗设备、重大基础设施等主要工业领域的竞争力。通过信息物理系统的方式，数字化不仅会改变企业的竞争力，还会重塑现有产业布局，催生新的工业生态，下一代工业将建立在信息物理系统之上。

### 1.2.2 数字化的本质特征

企业有实际的生产活动，也有抽象的管理活动。过去 20 多年企业的信息化建设关注的是信息技术的使用，各种 IT 软件作为工具服务于人，提高人们获取信息和处理信息的效率。

信息化的系统是辅助性的工具，服务于人；而数字化的系统不依赖人，与设备和流程融为一体。信息化和数字化的对比如图 1-3 所示。虽然数字化也使用信息技术，但主要是内化嵌入到实体生产内部，数字化的设备可以自行采集数据，智能化的设备可以根据预设的逻辑自动处理业务逻辑，响应异常变化。

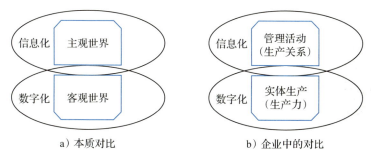

a）本质对比　　　　　　b）企业中的对比

图 1-3　信息化和数字化的对比

信息化是服务于人的，在人类的主观世界围绕管理活动展开。管理者利用计算机辅助自己，相当于将人的存储和计算功能外包给计算机，人则可以进行深度思考。

在信息化时代，数据通过提高人的工作效率而间接产生价值；而在数字化时代，数据已经成为独立的生产资料，直接创造价值。在具体的客观世界，数字化围绕企业的实际生产过程自主运作。

企业的信息化建设是围绕人提高管理层感知信息和认知信息的能力。随着技术的发展和成本的下降，机器之间也可以通信。借助大数据和云计算，机器可以拥有记忆，能够思考，变得智能。

主观世界的再多信息，对实体生产的影响仍然有很多限制。一旦实体的生产环节开始数字化，机器开始对话，就改变了过去僵化的运行模式和固定的参数设定，实体生产环节被自由连接，机器开始拥有智能，释放出无限的可能性。

信息化提高了信息处理的效率，而数字化提高了信息处理的效果。信息化是信息和通信的数字化,而数字化是产生控制和行动的信息化。

### 1. 数据驱动,软件定义

主流的工业企业以人为中心组织资源,以流程驱动业务。数字化企业以数字、模型驱动企业资源(组织、人、设备、资金等)的快速有效整合和调度。固定的组织架构和资源配置,由算法根据需求动态调度,通过分时复用而获得更高效的利用。

信息化是强管控的逻辑,员工单向获取信息,管理者全面获取信息,并发送指令。数字化是赋能的逻辑,一线人员获得更强大的支持,得到更多的授权,可以自行解决更多的现场问题。数字化强调信息自主闭环,机器设备也有可能根据预设的"智能"程序自动调节参数或配方,把以前需要专家和管理者才能解决的问题在一线直接解决了。信息化无法传递全部的现场信息,所以精益管理非常重视现地现物。但是,部署在设备附近的边缘计算可以自主解决现场问题,基于当下"鲜活"的数据自主做出决策。现地现物的思想理念,由数字化的软件来承载。数字化的这种模式最早在现代战争中得到应用,随着信息侦察系统的数字化,前线步兵可以快速呼叫空中火力支援,集团军的作战模式转变为特种作战小组与精确制导炸弹远程配合。

### 2. 算法决策,主动计算

工业数字化的软件不再依赖手工操作,数据和信息在各软件模块之间自由流动、自动计算。数字化工厂就像孩子从"要我学习"变成"我要学习"一样,开始拥有了主动性,主动计算产生了机器的自主智能。

随着智能电子设备、边缘计算和物联网的发展,这些无处不在的信息感知和采集终端不再与人类直接接触,而是与环境直接联系,监测和改造周围的物理世界。<sup>⊖</sup>与传统的人在回路中的交互式计算相比,主动计算将人置于计算回路外(而不是在回路中)并应用于现场(而不是办公自动化),如图1-4所示。

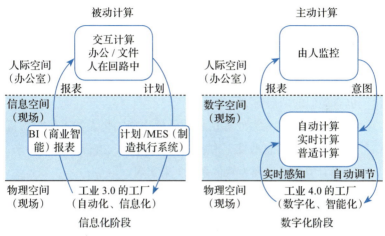

图1-4 信息化和数字化的数据应用模式对比

### 3. 事前预防,快速响应

推动数字化的动力是应对不确定性。商业竞争越来越复杂,我们无法预测或消除来自内部和外部的不确定因素,唯一的方法是在有苗头的时候就开始预防,及时采取措施补偿不确定性可能产生的影响。

引入闭环负反馈提高了企业的响应速度,能抑制控制回路中的不确定干扰。数字化构成完整的自动闭环,很多问题不需要人就直接解决了。即使需要人,也只是解决问题的一个部分,减少了大量的复杂分析,响应速度大幅提升。

---

⊖ 姚锡凡,周佳军,张存吉,等. 主动制造:大数据驱动的新兴制造范式[J]. 计算机集成制造系统,2017,23(1):172-185.

### 1.2.3 工业数字化的概念和内涵

2000年之前的数字化，主要是狭义的数字媒介技术，是指信息系统建设，为的是便捷地从现实世界获取信息。而现在的数字化概念很广，广义的数字化是信息化的更深入应用，要基于大数据、智能算法优化决策，甚至自动决策，不是指一个具体的技术，而是一种技术范式。

类比于计算机从模拟计算转变为数字计算机，工业的"数字化"也有类似的两层含义：

- 计算机取代人类处理信息的机械功能：将人类工作中的机械部分（信息收集、信息处理、决策、执行）剥离出来，由计算机（表现为软件系统）来实现。
- 计算机取代机器的计算功能：将机器设备中的计算功能剥离出来，由软件（计算机器）来完成。

表1-1对工业数字化的两层含义做了对比。

表1-1 工业数字化的两层含义对比

| 对比项 | 功能 | 特点 |
| --- | --- | --- |
| 数字化的计算机器 | 取代人类思考中的机械部分 | 比初级的人工计算更快，但是不如高水平的人 |
| 数字化的管理系统 | 取代工厂管理中的机械部分 | 比普通的管理者更优，但是不如卓越的领导者 |

狭义的数字化的数据流向是单一的，在计算机的数字世界中感知和表达现实世界（即物理世界）；而广义的数字化的数据流向是双向的，数字世界与现实世界融为一体，数字世界可以通过信息流影响现实世界。

提高信息处理的效率，不仅能够处理大量的数据，更重要的是能有效地处理数据，产生真正的业务价值。在工业企业中，更关注利用数字世界的技术解决现实中的问题，比如提高效率、减少浪费、获取客源、消除风险等。

工业的数字化转型介于两者之间，是支撑企业业务变革的方案之一。工业数字化不单是技术，更是技术与业务的闭环融合，数字化技术要能构成一个完整闭环，改变业务决策机制，改进机制的闭环。只有完整的闭环，才能创造工业领域的价值。也许这个闭环的每一个环节并不是"数字"技术，但是只要促成了整体闭环的数字化提升，就是我们讨论的范畴。制约整个环路的最短板的环节，往往就是要突破的核心"数字"技术。

高级的数字化技术，若不能改变业务的价值链，形成业务的闭环改进，就不是我们讨论的范畴。更直白地说，只是花钱而不能赚钱的数字化，就不是真正的数字化，而是应该被戳破的"数字化泡沫"。

数字化就是在现有的生产实体之上，构建一个虚拟的数字空间，如图 1-5 所示。在数字空间中实时流动着的数据形成数据流，与物理空间中的实体生产之间良性互动，在数字化的软件调控下，提高实体生产的水平。同时，数字化也提高了公司的经营管理能力。经营管理的对象从具体的细节提升为抽象的数据，企业可以更好地执行宏观管理意图。

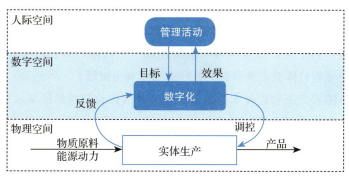

图 1-5 数字化的内涵

数字化是用软件重新定义企业的实体业务。在具象层面，业务本身似乎没有大的变化，但是业务之间的衔接完全不同了。在设备、生产、运营、市场等企业经营方面，各业务似乎被一条无形的链条串在一起，实现了数据驱动，企业的弹性和动态响应能力得到系统性提升。

数据驱动有两方面含义：

- 业务数字化：在产线设备、工厂运营、公司经营的每一个层面，针对具体的场景，开发相应的数字化产品（即工业App），感知生产现状，在数字空间中进行最佳决策，并闭环调控。这决定了数字化的可能性，其理论基础可参照控制理论的能观性。
- 数字业务化：应用数字化产品，在软件辅助下改善实体的生产过程。这要求工厂的用户愿意改变原来基于经验的人工管理方式，愿意接受数字化的调控，执行数字化的决策。这决定了数字化落地的有效性，其理论基础可参照控制理论的能控性。

### 1.2.4 数字化如何创造价值

提到数字化的价值，人们首先感受到的是技术的工具价值：信息的获取更加方便，处理更加高效，人们随时随地可以便捷地沟通。数字化让企业与客户直接连接，更好地了解和服务客户，改善了客户体验，从而提升客户满意度和忠诚度。

随着人工智能技术的发展，计算机可以直接理解语义，并根据数据做出符合逻辑的决策。数字化不仅提高了人们获取信息、分析信息的效率，还能帮企业自动获取情报，拼接支离破碎的信息，提炼有价值的线索，并制定有效的决策。

然而，我认为数字化最重要的价值，是对现有业务的优化和新业务的创新。数字化技术是一种使能型的基础技术，从根本上推动了产品和服务的创新，实现了大规模定制，满足了个性化需求。数字化可以优化现有业务，降低生产成本，提高运营效率。利用大数据和人工智能技术，企业可以优化供应链管理，减少库存和物流成本。例如，实时监控和预测技术可以帮助企业更准确地安排生产和配送，减少浪费和延误。

虽然企业在经营过程中一直做持续改善和优化，但是反馈过程和迭代速度较慢。随着市场的变化和技术的发展，业务的不确定性加剧，传统的方法无法奏效，而由实时数据驱动的数字化，能赋能业务更好地应对波动和不确定性。

真实的业务活动，不可避免地存在变化。常见的做法是把波动进行拆解，把业务拆解到模块，把变化拆解到波动因子。如图 1-6 所示，可以把原始的业务波动拆解为多个因子：趋势分量、周期性波动分量、随机性波动分量。对于明确趋势的业务，把握住趋势就能从整体上把握业务的基本面。有些业务存在季节性或周期性的波动，比如：能源的消耗随天气而周期变化，电力系统就可以建立负荷预测模型，优化发电计划；在工厂的生产制造过程中，原材料可能有波动，生产工艺可能有波动，这些波动总体上符合统计分布，具有一定的规律，基于统计分析可以形成有效的全面质量管理方法。

对于有规律的波动，传统的统计分析和理性决策就能有效应对，但是越来越多的业务呈现出不具有统计特征的不确定波动，如图 1-7 所示。对于不可预测的不确定因素，无法提前做好充分计划，这时的应对策略只能是敏捷响应，提高韧性。数字化就是系统性地提高业务敏捷响应能力的新手段。

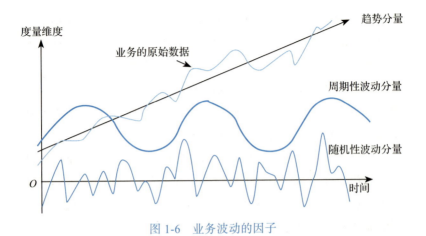

图 1-6　业务波动的因子

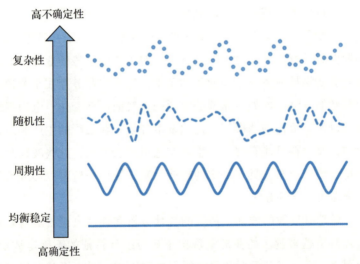

图 1-7　业务内在的不确定性

企业要破除对数字化技术的迷恋，从价值出发，走整合之路。数字化的价值创造，是通过对实体经济的优化来实现的，数字化必须附着于实体才能"施展才华"。工厂在数字化的加持下获得了新生，一改僵化、固定、机械的运作，开始有了灵气。与互联网科技公司不同，工业企业依赖工业产品的研发、生产和销售获取价值，数字化的价值不是来自数据本身，而是基于数据对实际业务的优化。工业实体像是巨大的杠杆，放大了数字化的价值，这要比把数字化当作工具的价值大得多。

### 1.2.5 与业务匹配的数字化

数字化以动态的、柔性的智能，提高了适应不确定性的能力。工业时代积累的大量技术经数字化、智能化后，潜力被释放，焕发新的活力。早期的飞机基于液压机械舵，操控性比较差。20世纪70年代后，飞机开始升级为电传操纵，开始支持以数字化的方式进行全新的操控，反应速度大幅提高，可以在毫秒之内对变化做出反应，这改变了军用飞机的设计。以前，人类飞行员无法操作军用飞机迅速做出反应，而由计算机控制的电传操纵比人更精确、更快速，甚至可以纠正飞行员的糟糕决定。

数字化比较适合快速变化的业务，如果在成熟稳定的行业，内部非常稳定，自我突破的可能性越小，数字化的机会就越小。后工业时代，不确定性成为新常态。面对无法预期的不确定性，我们只能培养适应本能，以足够的好奇心来探索和追寻复杂性，创新求变，从不确定性中受益。

数字化不是一个固定的理想状态，而是持续信息量增加、复杂度提升的过程。数字化的程度跟企业的竞争挑战有关，与要处理的信息量和不确定性匹配。没有最好的数字化，只有最适合的数字化。

数字化并非万能，说到底，数字化的算法以计算机为载体，而现代计算机源自图灵机，只能解决图灵可计算的问题。数字化只能解决可以被计算的问题，无法做价值判断。只有清楚地了解数字化的能力边界，才能将数字化落地。数字化时代的机器越是强大，人的价值越是凸显。机器的智能是小聪明，而人类智者的洞见是真正的"智慧"，人需要实现自己的自由意志，选择企业的价值，实现企业的使命。

## 1.3 智能的三个要素

数字化需要智能的算法，因为只有经过算法的处理，数据才能产生魔法般的智能。以 AlphaGo 为代表的深度学习在图像和声音处理方面获得了巨大成功，激发了普通民众对人工智能的期待。正如原油需要多次处理和加工才能提炼出高品质的成品油一样，数据只有经过算法的处理和加工，形成决策并触发实际的行动，才能真正产生价值。

在消费领域，推荐算法很容易预测和影响消费者的购买行为，然而工业场景的人工智能并不像消费领域那么成功，从原始数据到实际行动之间的链条太长了，需要很多决策的环节。要让智能化在工业场景落地生根，需警惕过度夸大智能的作用，深刻理解智能的边界，尤其是新技术采用后具有长程效用的延时反馈作用[一]，要警惕智能化的副作用。只有充分了解现在人工智能技术的特长与边界，根据应用的场景选择能满足需求的最低智能、恰到好处的适度智能，才能产生稳定而持续的智能化应用。

### 1.3.1 什么是数智化

2015 年，有人将数字化和智能化结合在一起，提出"数智化"

---

一 关于系统论的延时反馈，参阅：梅多斯. 系统之美：决策者的系统思考[M]. 杭州：浙江人民出版社，2012.

的概念<sup>㊀</sup>。其中的"数"即数字化,代表获取信息的技术;"智"代表智能化,是基于人工智能加工信息、推理分析,形成决策。2018年,在阿里的推动下,"数智化"的说法越来越多。

虽然将两者结合拓展了"数智化"的外延,但数智化并不是基础性的元概念,而是对具体技术的提炼,不能囊括未来的新技术。广义的数字化可以作为一种元概念,既包含现在"数智化"的内容,也隐含未来的新技术,只要其特征一致,就是通过数字世界的活动改造现实世界。

值得注意的是,"数智化"的新概念要跟我们习以为常的"数字化"概念相区别。为了便于读者理解,本书采用"数字化"这一更普通的词汇,取其广义的含义,包括数字化、智能化、人工智能、工业互联网这类新型信息技术,尤其关注与工业技术的深度融合,以及对工业实践产生的实际影响和价值。本书更关注数据"价值的萃取"和"品质的升华"。从"数字化"到"数智化"的飞跃,实现了从"数智化"向"数质化"的转变,提升了工作品质和生活品质。

### 1.3.2 智能的维度

古希腊哲学家苏格拉底在法庭上申辩时说:未经省察的人生没有价值。类比苏格拉底的说法,我们也可以说:没有经过处理的数据没有价值。如果说"省察"是个人对经验的整顿,那么算法就是对数据的整顿。算法是解决问题的一系列指令,对数据进行加工和处理的过程代表着用系统的方法描述解决问题的策略和机制。

---

㊀ "数智化"一词最早见于2015年北京大学"知本财团"课题组提出的思索引擎课题报告,最初的定义是:数字智慧化与智慧数字化的合成。

Pascal 语言之父尼古拉斯·沃斯（Niklaus Wirth）写了一本著名的书《算法 + 数据结构 = 程序》，提出计算机科学中的一个很有名的公式：

$$软件 = 数据 + 算法$$

这不仅仅适用于计算机的软件，数据和算法也是智能的两个本质维度。如果将整个工厂类比为计算机的硬件，那么经营活动就是工厂的软件。数字化就是给工厂安装一系列更"智能"的软件，这些软件既包括数据，也包括算法。现代企业积累了大量宝贵的数据，但是这些原始的数据只是潜在的资产，被算法处理后，数据就变活了，似乎有了智慧。智能化的算法显化了数据的价值，真正的"智能"是算法和数据的有机融合。

图 1-8 显示了领域专家与大数据算法在"智能"的两个维度上的差异。专家往往是在小样本的数据上长期研发，仔细打磨。而在大数据样本上，即使简单的数据挖掘算法，也能表现出强大的"智能"。随着数据的采集、存储成本越来越低，大数据算法已经深刻地改变了人们的生活，如今日头条的新闻推荐、拼多多的购物推荐。

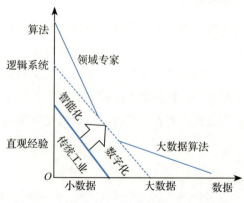

图 1-8 领域专家与大数据算法的智能差异

然而，工业领域需要更严谨的算法，对准确性要求很高，并且要求可以解释。专家的经验经过提炼，可以成为更缜密的逻辑和系统性的深度思考。将顶尖专家的经验转化为算法模型，可以加速专业知识的流动。

### 1.3.3 类比人来理解智能

人在不同的年龄会表现出不同的"智能"，见表1-2。刚出生时，能哭能笑就是智能；蹒跚学步时，迈出一小步就是智能。行动由小脑支配，而小脑是人类亿万年进化而来的重要智能，结构非常复杂，小脑的神经元数量比大脑还多。与老年人的睿智比起来，年轻时的聪明只能算是小聪明。放下小聪明，才能获得大智慧。

表 1-2　人在不同年龄的智能表现

| 人生阶段 | 智能的表现 | 智能的维度 | | |
|---|---|---|---|---|
| | | 运动能力 | 记忆能力 | 思考能力 |
| 儿童 | 活泼可爱、自主运动 | 蹒跚学步 | 短时记忆 | 直觉判断 |
| 小学 | 聪明伶俐、快速计算 | 快速发育 | 死记硬背 | 形象思维 |
| 中学 | 学习能力强、记忆力好 | 体魄强健 | 博闻强识 | 抽象思维 |
| 成年 | 健康、专业能力强 | 健康运动 | 经历体验 | 逻辑思维 |
| 老年 | 大智若愚、大智慧 | 行走坐卧 | 记忆退化 | 超越逻辑 |

智能的表现多种多样，可以归纳为三个基本维度：运动能力、记忆能力、思考能力。每个人擅长的能力不同，在不同的人生阶段，关注的重点也不同。智能的发展有积累效应，随着经验的积累，思考的层次也不断提炼和简化。类比人类智能的三个维度，机器的智能也有三方面：行动、数据、算法。就像许多人读书的时候容易偏科一样，机器的智能发展过程也不均衡。早期的机器只能取代人的体力劳动，表现为自动运动的能力，如蒸汽机、内

燃机、电机等。这些机器虽然功率很大,但需要人来操作,工业化需要大量的产业工人来操作机器。

第三次工业革命中的信息化,主要围绕信息的存储和计算。计算机虽然无法自动行动,但是可以提供信息给人,通过人采取行动。这个时期,人被"镶嵌"在更大的数据网络中。

第四次工业革命中的数字化,是机器智能的全面发展,机器能够记录历史的经验,并且自主决策。这个时期的机器智能,不仅能处理信息,还能自动地采取行动。

智能化的本质是系统自身具有感知、分析、决策和执行的能力。如图 1-9 所示,全面的智能包含三个要素:感知获得数据、算法形成决策,以及自动控制行动。在工业生产制造中,这三个维度具体表现为数据采集、算法决策和自动执行,形成智能制造的三个技术支柱。

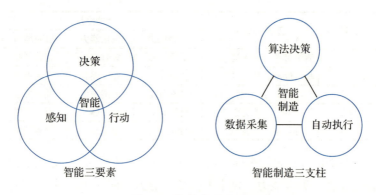

图 1-9 智能化的本质

### 1.3.4 数字化转型的要素

数字化转型对很多企业是个新课题,将企业类比为人,将数字化的新课题转化为我们熟悉的问题,我们就能透过现象看到本质。企业与个人是同构的，理解人和企业的共性和差异，有助于我们更清楚地思考数字化转型的模式，反过来，借鉴企业管理也有助于个人成长。

围绕智能三要素，人的成长有三条道路：
- 情绪体验：自我观察，提高感知力。
- 思维训练：论证分析，提高认知力。
- 知行合一：身体力行，提高行动力。

只有三条道路中的三个能力整体提升，人才会产生真正的自我。三条道路有机协调，才能应对波动，拥有稳定的自由意志，才能抵御外在不确定性的扰动，去除内心杂念和紧张的干扰。

企业的数字化转型是为了应对竞争环境的不确定性。面对更不确定的甚至动荡的生存环境，企业需要通过数字化提升自我。数字化的目标是适应更加动荡、不确定的环境，通过更数字化的方式增强感知、认知和行动的智能，提升企业应对不确定性的定力。

自我提升的三个能力（感知、认知、行动）也是企业转型要提升的能力，表现为以下三点。
- 感知数量化。
- 认知智能化。
- 行动价值化。

### 1.3.5 智能的底层要素

我们不能狭隘地把智能等同于智力、智商。洞察智能的本质，需要在智能主体的生存系统中考察，智能是生命体维持生存的基本功能。为了应对复杂多变的生存环境，生命体进化出复杂的感官，通过感知信息、加工信息来更好地维系生命的存在。生命体完整的智能，包括三个前后衔接的要素，如图 1-10 所示。

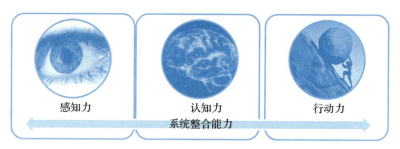

图 1-10　生命体完整智能的三要素

企业也是一个生命体，企业的数字化转型类似于生命进化的过程。企业的数字化也包含感知、认知和行动这三个要素。数字化技术和人工智能的发展日新月异，根据技术所在的维度可以绘制数字化技术的雷达图，沿着三个维度可以方便地跟踪技术的进展，如图 1-11 所示。三者的最短板形成图 1-11 中的内圆，决定了整个系统的智能水平。有些技术即使本身看起来很普通，但作为突破内圈智能水平的最后一块拼图，也是极为有价值的核心技术。

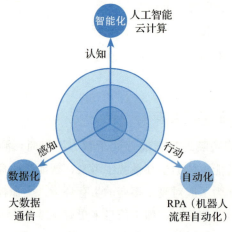

图 1-11　数字化三要素的技术雷达图

人的智能由三方面组成：五官的感知、大脑的分析、四肢的行动。任何智能体，也都包括感知、认知和行动这三个环节。数字化驱动的业务包含三个模块：采集数据、分析数据、闭环执行。其智能化分别对应感知智能、认知智能和行动智能。

1. 感知智能

更多的信息量可以提升智能水平，在工业场景中增加传感器，让设备具备感知能力。能听能看，就能自主行动。增加通信网络，让工厂内的机床可以联网，工厂外的施工设备可以连接。对比、汇集不同渠道的数据，可以发现很多潜在的问题。

2. 认知智能

人与人之间智能的差别并不体现在五官的感知能力上，而是体现在思考能力上。工业数字化的价值，来自从数据中挖掘出的价值。如何从大量数据中挖掘出有价值的信息，并形成有效的决策，是智能化的关键。

人工智能很难直接应用在工业领域。基于统计方法的人工智能，其结论难以解释，不容易被人理解。人工智能的连接主义学派，在底层模拟人脑的神经网络，很不直观。同时，工业领域对算法的要求更高。

人的思考似乎更加简洁，把繁杂的数据提炼为符号，并在符号的基础上进行推理，聚焦于核心的逻辑推理。在人工智能的发展中，符号主义学派试图通过模拟人的认知过程，进行符号推理，但是比较困难。目前比较可行的做法是结合专家经验。如何让专家经验与机器算法融合，是工业智能化的关键。

近些年，人工智能越来越关注可解释的因果推断。图神经网络发展迅速，让人们看到了可解释人工智能的曙光，但是由于太前沿、太复杂，工业领域的专家很难理解。相信随着这方面学术研究的进展，很可能会形成与专家知识相融合的框架，从而被工业界采纳。

### 3. 行动智能

人的行动靠小脑控制，婴儿学会了走路就内化为肌肉记忆，平时不引人注目，但是生病后失去行动能力时，才会感叹自由行动多么重要。

企业的行动靠流程，正常运作时不引人注目，但是遇到转型和变革时，流程会表现出强大的反弹和阻力。是实现数字化转型和业务变革，还是维持流程和业务稳定？数字化转型中要特别关注落地执行中的困难，再高明的决策也要靠执行落实。执行力是战略的一部分，缺少有效的执行力，就无法分辨真的智能和假的智能。

## 1.3.6　智能的层级

是否可以用数据量衡量是否实现了"数字化"？不同数据的含金量是不一样的。工厂的设备每天可以产生 TB 级的数据，如果都存储下来成本很高，而且其中大量的数据并没有多少价值。异常运行状态下的数据量不多，但是价值可能巨大。

如何评价数据资产的价值呢？量化数据中有价值信息的含量，可以参照知识管理的 DIKW(Data，数据；Information，信息；Knowledge，知识；Wisdom，智慧) 模型，如图 1-12 所示。不同含金量的数据处于金字塔的不同层级。最下层是原始的数据，虽然数据量大但价值密度低。把数据与业务场景结合，进行加工会形成有意义的信息。综合各方信息，形成决策和判断，数据才真正产生价值，这就是知识的力量。

我们可以从存储和计算两个维度理解 DIKW 模型，如图 1-13

所示。纵坐标反映了计算方式和复杂程度，越高层级的智能，计算方式越复杂。横坐标反映了存储方式和数据的广延属性，不同层级的数据量不同。为了有效地传输与存储，原始的数据可以本地存储，而加工后的信息和知识可以跨区域流动。

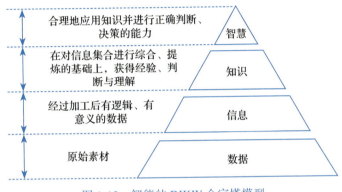

图 1-12　智能的 DIKW 金字塔模型

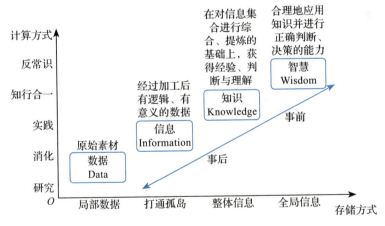

图 1-13　从存储和计算两个维度理解智能的 DIKW 模型

要推广成功的经验，或者吸取失败的教训，就要积累大量具体场景中的信息,分析和提炼出普遍的共性,归纳为体系性的结构化知识。从数据到信息,再到知识,相当于一个学习好的学生利用自己的聪明才智做成一件事情。最高层的智慧,不能只单方面学习好,而要全面发展。智慧超越工具理性,在于如何选择对的事情去做,这超越了现在图灵机的计算智能,目前还离不开人的意志和价值选择。

数字化更本质的探寻,涉及信息的本质。当缺乏信息时,未知的空间中一切皆有可能。信息可以减少未知的可能性空间,可以视作整个选择空间中"不确定性"(被动的感知空间)或"选择的自由度"(主动的调控空间)的度量。消除不确定性的,不是数据、消息本身,而是数据所包含的意义。智能是浓度更高的信息形态。

图1-14展示了不同层级和形态的智能。信息减少了可能性空间的不确定性,不同形态的智能构成了可能性空间的边界。数字化、智能化拓展了可能性空间的约束边界,减少了可能性空间的不确定性。

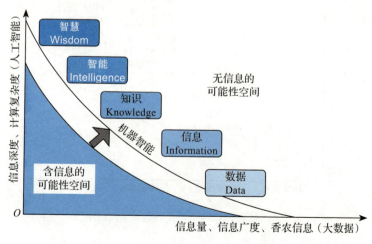

图1-14　不同层级和形态的智能

控制论更深入地研究了感知的层次，将智能的普遍规则细分为强度、感觉、构型、转换、时间、关系、范畴、序列、程序、原则和概念共 11 层<sup>⊖</sup>，目前工业领域的数字化普遍处于前两层。

### 1.3.7 超越智能

为了更深入地思考智能的本质，我们需要回顾人工智能学科诞生之初奠基者的很多争论。比如，图灵和香农关于智能的本质就有不同的理解，图灵认为人是由物质构成的，人的智能可以用物质的系统来承载，因而提出可计算的模型——图灵机，它构成了现代计算机的雏形。

无论基于神经网络的机器学习，还是关注语义符号的逻辑推理，都是在计算机上的计算，底层逻辑是图灵机，只能解决可计算的问题。然而，有些巧妙的决策不见得能量化计算，很多高超的智慧超越了精打细算。哥德尔提出不完备定理，指出逻辑自洽的系统必然存在边界，图 1-15 展示了不同智能的边界。

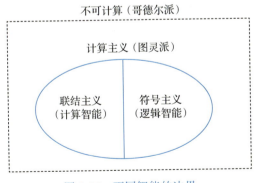

图 1-15　不同智能的边界

---

⊖ 颜泽贤，范冬萍，张华夏. 系统科学导论：复杂性探索 [M]. 北京：人民出版社，2006.

人的智能显然不仅体现在计算和逻辑上，情感、意志等都是智能的体现，是人明显区别于其他动物的特征。不能实现情感的智能，难以超越人类。马文·明斯基在《情感机器》一书中写道："如果机器不能很好地模拟情感，那么人们可能永远也不会觉得机器具有智能。"

## 1.4 数字化转型的历史背景

任何重大的社会技术变革都需要从长时间跨度和大范围的角度来理解，数字化转型也是如此。我们不能仅仅关注当前的细节，而是需要在历史的宏观框架下审视其发展轨迹和内在规律。

数字化转型是由新一代人工智能技术驱动的工业革命，然而这场革命可以追溯到 20 世纪前期，电子通信技术使得我们进入信息时代。当时主要是建立信息的基础设施，使得信息可以自由流动。后来逐渐产生了越来越多的数据，出现信息泛滥、信息过载。这时，人们关注的重点是如何更好地利用数据，让数据产生价值。

本节考察工业革命的历史和数字化的时代背景，探讨驱动数字化的底层动力和发展趋势。通过这种全局视角，我们才能真正洞察数字化转型的本质和内在规律。

### 1.4.1 四次工业革命

我们把智能革命放在整个工业革命的历史进程中，回顾四次工业革命的技术变革和范式转型。

- 第一次工业革命（18 世纪 60 年代—19 世纪 40 年代），机械化时代：蒸汽动力带动机械化生产。产业经济创新包括工厂制造代替了手工工厂。

- 第二次工业革命（19世纪下半叶—20世纪初），电气化时代：电气动力带动自动化生产。产业经济创新包括电力工厂、电器制造、铸铁、铁路和化学品等重工业的兴起。
- 第三次工业革命（20世纪六七十年代—21世纪初），信息化时代：电子设备及信息技术带动数字化生产。产业经济创新包括原子能技术、电子、计算机技术、生物工程技术的发明与应用等。
- 第四次工业革命（2011年至今），智能化时代：产业经济创新包括构建出一个有智能意识的产业世界，发展具备适应性、资源效率、人机协同工程的智能工厂，以贯穿供应链伙伴流程及企业价值流程，打造产品服务化与定制的供应能力。

我们正在经历的"第四次工业革命"，深刻改变了个人生活和工作方式。计算机、手机和互联网的普及使得信息获取和社交更加便捷，而人工智能和大数据等技术的应用则提高了工作效率和决策科学性。面对智能化变革，个人和企业需要不断适应和学习，以应对新时代的挑战。

## 1.4.2 技术发展的逻辑

物质、能量和信息是组成世界的基本元素。人们认识自然和改造自然的过程，伴随着对物质、能量和信息更本质的研究与更深入的应用。每当人们对世界的基本组成元素有了新的理解和洞察，形成新的科学理论时，就会引发新的技术革命，产生新的技术和产业。如图1-16所示，人类技术的发展就是人们使用物质、能源和信息方式的进化史。

在刀耕火种时期，人类逐渐掌握了对周围物质材料的加工和使用技术，发明了石器、青铜器和铁器等工具。在这一时期，人

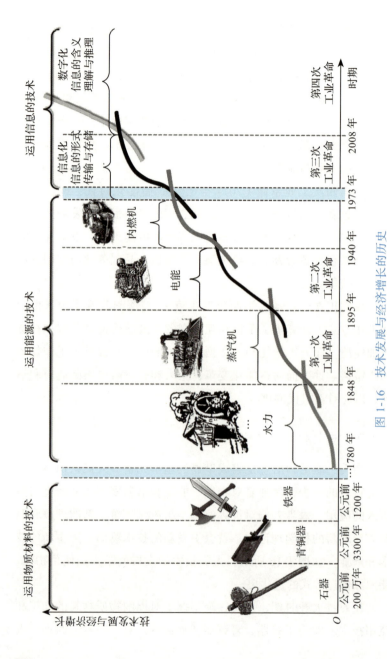

图 1-16 技术发展与经济增长的历史

们主要依靠自然资源获取能源。太阳能是最基本的能源来源，人们依靠太阳能从事农业活动，如种植作物和晾晒农产品。木材是主要的燃料来源，人们通过砍伐树木和收集枯枝落叶来获取木材，用于取暖、烹饪和烧制陶器等。人力是最基本的机械力来源，人们用简单的工具从事农业劳动。随着畜牧业的发展，畜力（如牛、马）也逐渐被用来耕作土地、运输物品和磨粮等。

随着技术的进步和社会的发展，能源利用方式逐渐演变和复杂化。18世纪，蒸汽机的发明使得化石能源被大规模使用，第一次工业革命在短短的200年里所创造的经济产出，超过了此前几千年人类历史的总和，这是人类历史上前所未有的飞跃。第二次工业革命围绕电能的使用。电动机取代了蒸汽机，提供了更可靠、更灵活的动力源，使得生产过程更加高效和连续。电力推动了机械化生产和自动化技术的发展，使得工厂能够大规模生产，极大地提高了生产效率。生产力的巨大飞跃，也带来经济和社会的剧变。

随着人类社会的发展，技术的核心范式从物质转向能源和信息。对能量的研究和利用引发了第一次和第二次工业革命，对信息的研究和利用引发了第三次和第四次工业革命。

### 1.4.3　社会流动的逻辑

每一次技术革命都是生产要素的解放，加剧了物质、能量和信息的流动。农业社会人们自给自足，从居住的土地获取食物，与所在部落的人们交往获取信息。抽象来说，物质、能源、信息这三种基本生存要素都是局域获取的。工业时代之后，人们打破了地域的局限性，通过贸易交换可以跨区域获取所需的物质、能量和信息。人们获取生存要素方式的变化，分别对应四次工业革命：

- 第一次工业革命，机械化生产的引入、生产力的发展，使得生产资源、生活资料高效率流动。公路网络促进了商品的运输，使得城乡之间的贸易更加便捷；铁路大大缩短了运输时间，提高了运输量，使得大规模的商品流通成为可能；蒸汽船和航运使国际贸易变得更加普遍和高效。
- 第二次工业革命，电力和内燃机等新技术使得能量的流动更加便捷和高效。电力的广泛应用和全国范围内电力网络的建立，使得能量可以方便地传输和使用，从而推动了大规模的工业生产和城市化进程。
- 第三次工业革命，电报、电话使得信息能够快速传递，从而提高了企业的运营效率和市场反应速度。互联网的普及使得全球信息的即时共享成为可能，电子商务和社交媒体极大地改变了人们的购物和社交方式，企业能够在更广的范围内整合生产资源，个人也能在更广的范围内获取生活资料。
- 第四次工业革命，知识的流动和智能的革命，给技术、管理、组织、文化带来更深层次的结构性变革。智能革命是信息革命的深化，着重于从浅层次的消息传递向深层次的语义理解转变。这一过程强调对信息的意义和意图进行深度解析，目标是提供能够带来实际行动变化的信息。这种信息一般需要通过人来理解，最新的人工智能技术正在研究深层次的语义理解，通过大数据分析和机器学习技术建立知识模型。

表1-3对比了四次工业革命的科学基础。现在，人们对世界的关注越来越从物质转向信息。数字化正是在这个大的时代背景下的信息技术与物质、能量的深入组合和创新。

表 1-3 四次工业革命的科学基础

| 产业革命 | 科学革命 | 基本元素 | 说明 |
|---|---|---|---|
| 第一次工业革命 | 牛顿力学、热力学 | 机械能、热能 | 机械革命 |
| 第二次工业革命 | 电磁学、量子力学 | 电能、核能 | 能源革命 |
| 第三次工业革命 | 信息论、控制论、系统论 | 信息的发送与接收 | 信息革命 |
| 第四次工业革命 | 人工智能、复杂系统 | 信息的理解和使用 | 智能革命 |

生产力的巨大飞跃会引发经济和社会结构的剧变。图 1-17 对比了四次工业革命的技术要素和社会结构。早期社会的流动性不高，经济活动限制在较小的范围内，整个社会结构比较稳定。技术的突破促进了生产要素的流动，经济活动的范围逐渐扩展，商品、服务、资本、信息和人力在全球范围内自由流动，这一趋势在 20 世纪末和 21 世纪初得到了显著的发展和加强。

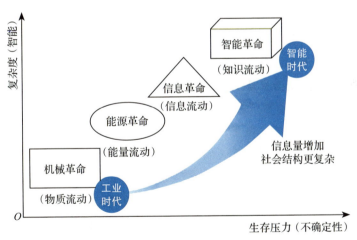

图 1-17 对比四次工业革命的技术要素和社会结构

在流动性不足时，生存的逻辑是抢占资源，拥有地产资源的区域具有相对大的竞争优势。流动性充足时，快速流动、快速学习才是生存优势。信息时代的生存逻辑是开放与合作，因为信息与物质和能源不同，它可以共享，开放和流动让信息更有价值。

随着物质、能量和信息的流动，社会的信息量增多，智力复杂度提高，我们的生存压力也在增加。为了更好地适应这个时代，企业内部的组织结构越来越复杂，企业外部的商业价值网络也越来越复杂。第四次工业革命需要更复杂的社会结构。从更大的时间尺度来看，第四次工业革命的影响比前几次工业革命要深远得多。

### 1.4.4　数字化的时代背景

进入数字时代，信息量剧增，迫使我们升级处理信息的能力，这是数字化转型的大的时代背景。

#### 1. 信息量剧增

回顾人类的历史，信息是指数级增长的。每次信息技术突破，都会带来人类文明的跃迁和社会结构的变革。印刷技术的发明使印刷品变得非常便宜，印刷速度的提高使得印刷量增加，进而推动了文艺复兴、启蒙时代，甚至科学革命。

过去几十年，电子信息技术和互联网促成信息量爆炸式增长。以前消息灵通是重要的技能，而现在每天的消息扑面而来，目不暇接。

2005—2010年，消费互联网深刻影响我们的生活，产生了大量的消费数据。2010—2015年，移动互联网产生了大量的生活数据。2015—2020年，物联网的普及产生了大量的生产数据。智能手机的普及、摄像头的大规模使用产生了大量的个人数据。

数据呈指数级的爆炸式增长，数字化已经成为构建现代社会的基础力量，并推动更深刻的时代变革。虽然信息量急剧增加，但是我们处理信息的能力没有大的变化。

现在我们处在一个拐点上，数据量剧增超过了人能够收集和处理信息的极限，如图 1-18 所示。人无法依赖生物大脑直接处理日益剧增的信息，因此不得不借助于计算机、手机等数字化的工具。虽然我们每天获取大量数据，能随时从网络上查询信息，但获取有用的信息越来越困难。在互联网发展初期，大家期待非中心化的网络赋予人们平等获取信息的权利，然而事与愿违，算法生成的精准广告铺天盖地，我们被动地被数据裹挟着。

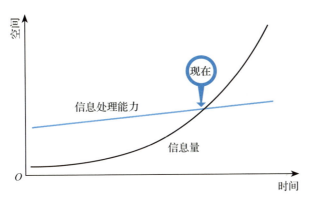

图 1-18　信息量剧增与人类信息处理能力的矛盾

信息的产生和媒体的传播也发生了根本的变化。信息量少的时代，可以做调查问卷，可以请咨询公司进行调研。现在信息快速变化，静态的问卷还没做完，情况可能就发生了变化。为了跟上这个快速变化的时代，我们不得不依赖算法模型进行实时数据处理，及时进行运算分析。媒体的传播从广播式转变为定制式的个性推送。

### 2. 商业竞争加剧

企业的业务已经由静态竞争发展为动态竞争，商业环境变得更加复杂多变，信息量更大，充满了不确定性。数字化是维持生存、提升企业竞争力的必由之路。

这是这个时代的特征。所有的产品都在数据层面被重构，这就是库恩提出科学技术革命中的范式变革。我们从关注产品的功能，到开始强调数据，以及基于数据的一切活动。现在的计算机无处不在，未来的一切都将是数据驱动的，整个时代在进行翻天覆地的智能化变革。

真实世界的信息是全面而丰富的，而人的感知能力是有限的。为了更好地感知企业的状态，需要将全面而丰富的无限信息世界映射到人的有限信息世界。

数字化是企业应对竞争、提升自身能力的必然选择。工业企业的数字化转型，需要围绕企业的生存位态，锚定企业的战略目标，聚焦和放大与战略有关的数据，让这类数据快速流动、快速形成决策，减少与战略无关的数据流转。

## 1.5 本章小结

以更开阔的视角来看，数字化的重要性不亚于语言的发明。语言文字的发明把人与动物区别开来，创建了人类的文明。数字化创造机器的语言，开创了机器文明。

围绕信息的产生和转换会发生根本性的变革，这正是工业数字化转型的根本驱动力。持续剧增的信息量，像燃烧的大火"炙烤"着整个工业社会，原来只能由产品承载的思想和技术开始自由流动，创新勃发。

机器设备所固化的知识、技能、专家经验被释放出来，脱离机器的本体自由流动。过去只能内嵌在工业产品中的思想、技术、经验、窍门开始流动，这种流动会深刻地影响现有工业产品的形态、设计、销售，会深刻地影响用户的使用，也深刻地影响工厂的生产,以及深刻地影响人们的组织结构。

  数字正在消解钢铁般坚固的固态工业社会,孕育自由流动的液态智能社会。功能单一的工厂里,生产要素被解放。在更宽广的空间内,自由流动的信息优化了各种生产要素的动态调配,形成新的工业生态。

## 第 2 章

# 以数字化应对不确定性

　　企业要明白为什么要做数字化转型,而不是盲目地跟风效仿。数字化有其底层驱动力,从客观因素的角度看,商业竞争加剧带来了不确定性,企业为了适应日益激烈的商业竞争,不得不进行数字化转型。工业时代以标准化、规模化大生产提高生产效率的方式,面临越来越大的挑战。日益加剧的不确定性,已经超过原有系统的设计能力,如果继续坚持工业化的生产模式,产品的竞争力和客户的满意度就会下降。过去的竞争优势逐渐被不确定性消解,企业生存的压力越来越大,竞争越来越激烈,市场越来越细分。产品被碎片化,并在更细碎的结构层面寻求新的耦合。如果不能完成,就展现为激烈竞争的生存压力。为了应对不确定性,企业不得不着力扩大边界。

　　从战略的角度看,企业的竞争优势是相对的,会随着时间衰减。为了维持竞争优势,企业从创新与发展的角度,必须要进行数字化转型。随着企业发展，管理日益困难。根据熵增定律，反映系统内部无序度的熵会逐渐增加，并产生解构的力量。任何系统为了持续维持生存与发展，都不得不从封闭走向开放，从局部获取资源转变为从全局获取资源。企业的销售市场、采购供应链、技术创新等，都呈现扩展的态势。在这个过程中，知识、技术、信息的隐性数字资源会更迅速扩张，表现为以数字化为典型特征的转型。

## 2.1 不确定性加剧的 VUCA 时代

我们的时代正在迅速变得日益复杂，基于牛顿机械论世界观的近代科学所追求的确定性秩序，逐渐面临复杂性的挑战。

20 世纪末，美国陆军作战学院开始用 VUCA 来分析错综复杂的国际局势。VUCA 指当今时代的 4 个复杂的特性，包括不稳定性（Volatility）、不确定性（Uncertainty）、复杂性（Complexity）和模糊性（Ambiguity）。

逐渐地，VUCA 被用在商业领域描述日益复杂的商业现实。随着企业的发展，相对稳定的、连续的生存环境会变得日益复杂。企业日益复杂的生存环境，可以用"复杂 = 不确定性 × 非连续性"这个公式来描述[一]。我们可以从图 2-1 所示的两个维度来思考现实世界的复杂性：不确定性和非连续性。这两个维度反映了企业的生存竞争在时间和空间上日益激烈。非连续性反映了空间结构的复杂度，随着企业发展，商业关系日益复杂，从简单的供应链延展到价值网络，不断出现跨界竞争者，企业的发展路径表

---

㊀ 路江涌. 复杂方程式：重新定义 VUCA[J]. 中欧商业评论，2019（7）：32-39.

现出非连续性。不确定性反映了时间的复杂度,商业环境的不确定性越来越高,时间被压缩,生活和工作的节奏越来越快,企业需要提升响应能力。

数字化在这两个维度都能提高企业的竞争能力:数字化在时间上提高快速响应能力,以敏捷应对不确定性;在空间上,提高企业的全局整合与优化能力,以整体来应对非连续性。

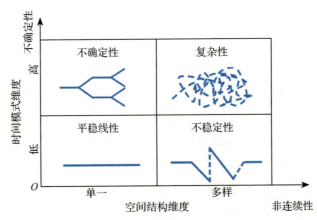

图 2-1 空间结构的非连续性和时间动态的不确定性

### 2.1.1 封闭与隔离

如果没有异常带来的不确定性,标准化的工业流程非常高效。传统的信息化是在工业化的标准上,按照预定程序运行。IT系统主要是提高人们之间协作的效率。在自上而下的层级组织中,信息系统的主要目标是高效地执行高层的管理意图。

不确定的因素无法消除,只能消除其影响。最简单的消除干扰的方式就是屏蔽。关上大门,设立壁垒,通过法规、专利、防火墙设置高的边界壁垒,自我封闭,排除外部干扰。因此管理运营时无须考虑干扰,只需要按照预定程序运行,如流程制造、计划经济等。

　　不确定的异常扰动需要人工处理，比如设备故障、产品换型时，自动化产线的效率可能不如手工产线。如图 2-2 所示，这类企业依靠政策保护或市场垄断，可以隔离市场的不确定性干扰，在相对稳定的环境下也能高效运行。越是传统的行业，越封闭和隔离。这类企业数字化转型的主要挑战是部门壁垒和官僚主义，数字化容易被异化为部门争夺资源的手段，很难实现其抗干扰、优化运营的真正价值。封闭系统的问题是持续的内部熵增，越来越难管理，企业寿命可被精确预测。

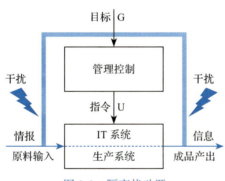

图 2-2　隔离扰动源

## 2.1.2　前馈方式：可以预见的扰动

　　有些产生不确定性的干扰源是可以被感知，甚至可以被预测的。数据联通后可直接感知干扰源，并对可能的扰动预先做出准确的补偿，以前馈的方式抵抗不确定性影响，减少储备裕量，如图 2-3 所示。事后纠正变成事前预防是目前数字化和人工智能在工业应用的主要场景，前馈仅适合确定性干扰和运作精良的决定性系统。

为了应对多种多样的干扰，就要预留较多的功能，代价比较高。

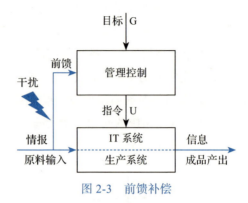

图 2-3　前馈补偿

## 2.1.3　反馈方式：无法预见的扰动

我们要承认存在未知的不确定性，无法预测，甚至无法感知。虽然无法消除不确定性，但是可以找到对冲的措施，消除不确定性的影响。最有效的方法是快速负反馈机制，一旦感知到结果被不明因素影响，就调用控制手段自动调节，如图 2-4 所示。

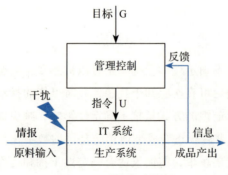

图 2-4　反馈自动控制

这需要复杂的算法和自主调节机构，适合环境复杂、不可预测的大幅干扰。现实中的挑战是控制能力受限，这取决于信息通道的带宽，以及是否能找到足够多的对冲手段。新兴的企业往往创造力强，具有足够的多样性和"变异度"；而成熟的企业逐渐僵化，就需要通过文化建设等手段激活组织创造活力，提高多样性。

## 2.2 用数字化从不确定性中获益

企业不可避免的业务波动和不确定性，往往会造成很多浪费。而数字化转型的效果，就是来自抵抗不确定性过程中实现业务的优化与创新。在强烈的外部扰动下，数字化提高了系统应对外部不确定性的能力，进而节约了应对不确定性的储备裕量，带来系统的优化。企业在不同价值链中，数字化优化的方式是不一样的。不同的应用场景下，大家可能只是凸显数字化的不同维度。在车间，人们关注看得见的设备、物质的生产要素，像钢筋水泥那么实在，更关注自动化更高效地执行已经形成的决策，同时眼观六路耳听八方，能够关注人的安全，避免灾难的发生。在办公室，白领和一般管理层关注电子化的流程、直观的报表；而高层关注整体的风险和效益的分析。

数字化是一种连接技术，一切生产要素都离不开信息，在数字世界可以实现更多样的连接。随着数字技术本身的发展，创造了更多的可能性。甚至很多商业竞争，已经从实体竞争发展到信息能力竞争，包括企业获取信息、加工信息、处理信息、组合信息的能力。数字化不仅能将现有的生产要素进行有效的组合，还能进行创新，产生 1+1>2 的效果，在更细微的颗粒度上提升隐性的价值，让潜在的价值显化，并可流通和交易。

数字化并不能直接降低成本，数字化的价值源自另一个独立的维度：不确定性。如图 2-5 所示，数字化能够在高不确定性下，间接达成"多快好省"。

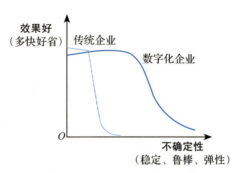

图 2-5　数字化的新目标

工业大生产依赖标准化的产品和流程，工业企业为了实现标准化，只好基于典型情况进行产品设计、产线流程设计、计划排产，然而实际业务存在大量变化和不确定性。客户订单变化、采购价格波动、供应商缺货，都会对企业生产经营产生干扰。大批量连续生产在面临扰动时，效率骤然下降，质量也变得不稳定。企业的三个核心价值链都可能受到不确定性的干扰：

- 产线设计与产能规划时，需要预测市场需求，然而市场总在变化，导致产能很容易过剩或者不足。
- 研发产品时，会做需求分析，将共性的客户需求提炼转化为产品规格，然而客户的需求也在变化，导致产品可能滞销。
- 生产制造过程，不仅受原料到货情况、成品发运情况的影响，生产过程的设备可能产生故障、工艺参数可能会波动，都是不可避免的不确定性。

为了不影响交付，需要额外的产能、库存作为缓冲，这是不可避免的资源浪费。

数字化的核心价值在于更好地应对不确定性。基于信息共享和优化算法，智能制造能以较低的成本消除各环节的不确定性，从而节省工业生产中的库存、等待不必要的缓冲浪费。找到最大的不确定性因素，是数字化最有效的切入点，容易产生可见的成果。基于泛在感知和快速调节的数字化能力，企业能更好地应对不确定性，在保证效率、质量的前提下降低成本，或者在同样的成本、质量要求下提高产能。在高不确定的强干扰下，企业仍然能维持较高的生产效率、品质和交付能力，甚至还能从不确定性中获益，以反脆弱提升竞争能力。

为了更精确地讨论不确定性，本书借鉴控制论的概念术语和思维模式，围绕信息流和关键决策点，抓住数字化的本质。

### 2.2.1 纵向资源整合

每个业务单元为了应对不确定的异常，各自都留有一定的储备裕量。如果没有发生异常，这些储备就是浪费。如果发生了严重的异常，一个单元自己的储备还不足以应对。

数字化使得各业务模块基于实时数据更有效地协同，在更大范围内跨业务单元调动资源。企业内部优化每个业务单元的资源配置，只需要满足典型场景，将应对异常的资源集中在一起，成立集中的应急响应小组，就能对异常进行统一规划和集中调度。

在企业外部，各企业将内部价值不高的资产剥离，以共享的方式对外提供服务，或者从外部购买服务。

这些变化，造成商业价值网络的结构性变化。价值网络的结构性变化，是企业进行数字化转型的前提。企业只能适应这个变化，选择好自己的定位，开发出恰到好处的产品，来占据合适的生态位。

能够以更低成本替代高成本，促进结构性的变革，是数字化转型的价值所在。

### 2.2.2 商业价值网络重构

随着竞争的加剧，企业获取资源的边界在不断扩大。以前基于本地区、本行业可以建立可靠的供应链，未来可以拓展到全球供应链。在内部管理上，从局部优化到全局优化，以前分专业、分部门各自承担经营指标，未来需要跨专业、跨部门深度协同。

如图 2-6 所示，数字化大大拓展了企业的生存边界，从仅关注与自己直接交易的供应商和客户，延展到供应商的供应商（上游二级供应商、三级供应商等）以及客户的客户（下游客户）。当在更大范围内感知动态变化时，我们具备了一定的主动预防干扰能力，能够更早地捕获波动，更及时地应对挑战，而不是等波动通过供应商传递到眼前时才被动影响。

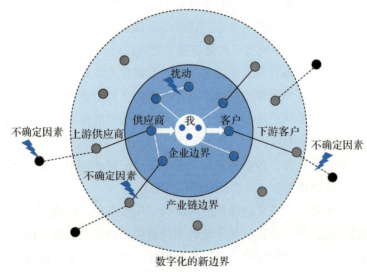

图 2-6 数字化拓展企业生存边界

社会结构就是通过不断拓展边界而发展的。农业时代，人们从居住地局域获取生产资源，靠天吃饭；到了工业时代，可以跨地域获取生产资源，不再靠天吃饭，大家可以交换物品；到了数字化时代，不仅跨区域交换"硬质"可见的物品，更是跨区域交换"软质"不可见的知识，包括思想观念等软性生产资源。

数字化让软质的生产资源进行跨局域协同成为可能。而工业产品中，软性的知识越来越重要，尤其是在信息时代，数字空间承载的智力劳动，已远远超越了传统工业以钢材加工所承载的体力劳动。

数字化实现了智力劳动的跨区域协调。数字化之后，知识可以变现，也可以直接交易，智力劳动不再依附于硬件，知识被包装成硬件，智力被嵌入体力劳动。

在工业时代，知识技术的作用是赋能，企业通过提高体力劳动的效率，提高硬件产品的附加值，提高其技术含量，从而获得更高的溢价来变现。因此，再厉害的技术专家，也需要将创造力转化为硬件的产品。以知识付费为例，似乎产品必须要有硬件的形式，即使知识付费定价很低，很多人不愿意为单纯的知识产品付费。知识付费定价不高的原因，可能是知识的吸收也需要读者的参与。知识的传播不是单方面的，不是生产一方努力就可以的，再好的技术也需要对方能够理解和接受，并且转化为自身的生产力。

任何转型，都是先进的生产力取代落后的生产力。当现有结构无法持续优化改进的时候，就会引发结构性的跳变，如图 2-7 所示。数字化转型通过非连续的变革带来生产效率的提升，或者成本的降低。变革之所以能发生，是因为原有的矛盾积累了一定的势能，迫切需要结构性的调整和重组。

虽然数字化看起来是技术创新，但数字化转型的焦点并不是数字化技术，而是新技术对生产关系的变革作用。如图 2-8 所示，数字化的进程就像拉拉链一样，从标准产品到自由定制，逐渐用新的齿扣链接和重组传统的工业元素。数字化会从明确的需求开始，逐渐模糊；从最容易流通的点切入，逐渐厚重。一般来说，数字化从新零售开始，到定制化生产、个性化设计，最终必然促成创意对接。最后，规模化大生产的工业时代，转变为后工业时代的规模化创新。

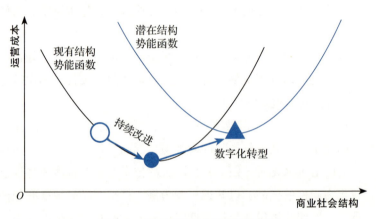

图 2-7 社会结构转型的势能函数

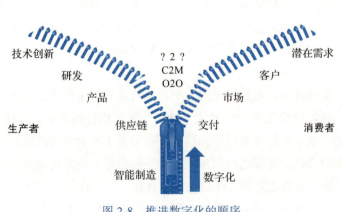

图 2-8 推进数字化的顺序

### 2.2.3 内部闭环控制

工厂的很多管理活动是围绕"不确定性"展开的。如果没有生产线上的异常,流水线式的生产是非常高效的。规模化的生产要尽量避免意外的发生,一旦有不曾预料的扰动,就需要人来处理。

不断发展的数字化技术,提供了自动处理不确定干扰的"智能"。进行数字化改造之后的工厂被称为"数字化工厂""智能工厂",传统的制造变成了"智能制造"。

- 接纳有限的"意外",在干扰下不停机,提高设备利用率。
- 减少浪费,减少不必要的缓冲,如线边库,减少不必要的等待时间。
- 大规模定制生产。
- 减少换线、换型的等待时间。

但是,很多智能制造的项目投入后,很难达成立项之初的承诺。因为很多这些数字化的智能系统,都还重度依赖操作人员的水平和精力。比如,大数据系统虽然有智能分析算法,但是只能给出建议,要依赖人去完成闭环的落地执行,而使用该系统的人会有自己的想法和经验。

这样单向的数字化系统的用户是人,功能是提高人的效率,所以仍然是高级的信息化。对那些信息化基础较好的企业,很难看到显著的新成果。

每个价值链具有不同的生命周期,也面临不同的不确定性因素,如市场波动、供应商风险、设备故障、产品设计缺陷等。数字空间的数据流并不是根据具体的业务构建,而是依据不确定性的源头和扰动的时间、空间尺度,分层分级展开。

可以依照三个价值链和不确定扰动的周期,设计不同时间级别的数字化架构。

- 小时级别：根据生产执行实绩反馈，实时动态地调整生产计划，以消除生产环节的干扰。
- 每周级别：根据产能反馈，自动调节产能计划，准备与需求量相匹配的设备、工人等生产要素。
- 月度级别：根据工艺效果的反馈，自动优化工艺参数和工艺设计。

## 2.3 创造价值的数字化

数字化是一种通用技术，其价值不仅是软件、算法单项的功用，还有与传统工业技术融合后，产生倍增的效用。因此可以结合业务和数字化两条主线，规划适合数字化的场景。

工业数字化的核心是将数字化的技术与业务的内核深入融合。不能为了数字化而数字化，脱离业务的数字化是没有价值的；也不能局限在业务的惯性中，缺乏数字化思维和技术的业务会逐渐丧失竞争力。智能化的技术往往能在业务的瓶颈问题上起到关键作用。

### 2.3.1 数字化的常见误区

由于对数字化的认知和理解不同，数字化转型过程中涌现了多种误区。这些误区表现为两种极端：一是单方面强调人工智能算法、IT系统和大数据平台等先进技术，却忽略了实际业务本身的变革需求，导致虽看似高端但实际上难以创造真正的价值；二是固守传统经验，对新技术持怀疑态度，不愿分享业务领域知识，使得数字化只能在业务边缘做些效率改善。这两种极端态度虽然问题明显，但在具体实践中仍广泛存在，其表现形式或明显或隐蔽。

## 1. 唯技术误区

当 IT 部门主导数字化进程时，他们容易过度关注技术的先进性，而不能理解业务的创新。他们会直接针对业务人员提出的需求提供数字化技术，无法准确判断哪些技术实际上是"真正"有用的。

在这场快速的技术变革过程中，每个人都要学习。企业的管理者，不要觉得自己不了解技术，被技术牵着鼻子走。业务是目的，技术是手段，不是上一堆先进的平台系统就是数字化转型。不要忘了数字化转型的根本目的是业务创新，提升企业内部运营效率，为客户提供更好的产品与服务。如果新技术不能为组织创造新价值，为客户创造新产品、新服务、新体验，那么不要这些技术也罢。

（1）只懂算法，不懂业务　一些组织可能错误地认为，数字化转型只是引入新技术的问题，把技术创新等同于业务转型，只关注数据、算法，不关注闭环。只关注技术的可能性，而完全忽视业务的场景和现实的条件，无法判断一个技术是否"真正"解决问题。有些组织错误地将购买最新软件或硬件视为完成转型，认为引入新的技术或工具本身就是数字化转型的全部。

事实上，企业数字化转型本质上是一场业务的变革与重组，而非单纯导入一套新的数字化工具和技术。真正的数字化转型涉及业务流程、组织结构、文化和客户体验的全面改变。技术是一个工具，而不是目标本身。

（2）一味追求技术先进　数字化会用到很多新技术，尤其是在人工智能、大数据发展很快的背景下。追鲜猎奇是人的天性，人们很容易被先进技术的演示吸引眼球。然而，成功的数字化转型是个复杂的系统工程，除了技术本身，更需要深刻地理解业务，此外需要全面地考虑人员、组织和文化的改变。

极端情况下，表现为只懂技术不懂业务，一味追求"高级""智能"和"先进"的标签，过度关注能体现技术优势的场景。无论什么场景，优先使用深度学习等最先进的技术，眼花缭乱的复杂技术可能并不是必要的。而且过度复杂的技术会带来副作用，比如对数据敏感，效果不稳定，随着情况变化忽起忽落。

（3）缺乏技术创新　　尽管不盲目追求最先进的技术，但是数字化转型绝不可缺少技术创新。若我们采用的方法与业务部门现有的技术水平无异，也是使用已有的数据进行常规统计，给出分析报表，那数字化就跟传统的业务专家的做法没有差异。

数字化转型面临的挑战，往往是业务中的重大难题。如果缺乏技术上的突破和方法论上的创新，将很难找到解决这些问题的方案。

### 2. 唯业务误区

当业务部门主导数字化转型时，他们容易受限于现有业务模式的思维惯性，难以在根本逻辑上实现本质上的变革。斯坦福大学教授保罗·瓦茨拉维克在《改变》中提出，事情有两种改变的形式：第一序改变是指不影响原有模式的改变，只是系统内改变状态、参数和体验；第二序改变是模式和系统的改变。就好像开车，踩油门是第一序改变，换挡是第二序改变。

在遇到问题时，大多数人寻求的都是第一序改变，也就是围绕问题本身寻找办法解决问题表象。他们往往更加关注短期行为，视野仅限于当前业务模式的直接延伸。而数字化转型会把问题放在整个系统中去考量，谋求通过第二序改变来解决问题根源。

（1）把业务搬到线上　　一些组织可能误以为数字化就是信息化，把业务上线作为数字化的目标。业务部门负责提出开发需求，IT部门根据业务部门提出的需求，开发软件或算法。

很多用户并不知道自己的真实需求，尤其是数字化会改变业务的模式，用户很难想象出未来的业务需求。业务人员提出的需求可能非常表面，并不一定能够反映业务的本质需求，甚至都不能真正解决现实问题。业务人员把自己的"痛点"进行归纳，不经过深思熟虑就提出开发的需求，很可能只是"欲望"。在这些需求的驱使下匆忙开发的软件，常常在系统上线后，被发现许多功能并未带来预期的结果和价值。

这其实很自然，在日常生活中也常有发生。许多人可能有过"冲动购物"的经历，网上购物时，坚信自己非常需要，然而物品到家后很少被使用，不久便被束之高阁。在数字化转型的过程中，也经常出现许多类似的"冲动需求"。

要实现价值驱动的数字化，就要区分这个需求是业务人员个人理解的需求，还是他所代表的业务本质需求。用户想要什么不等于真实需求，业务人员的需求不一定代表业务的需求，倾听用户不等于听从用户。有的用户比较有思路，直接告诉你产品该怎么做，系统该怎么设计。用户提出的解决方案不等于真实需求，不要觉得这个用户思路很清晰，反而可能因为他对技术的肤浅理解而制约了你去挖掘真实需求的机会。

（2）缺乏系统想象力　当我们不了解一项新技术时，往往难以想象它在业务中的应用方式，我们提出的需求往往只是现有业务模式的简单延伸。就像在汽车刚开始普及时的情况，那时的纽约已经拥有大量马车，而当时的交通规则和设施设计主要是围绕马车的。因为对这种新型交通工具缺乏理解，人们将汽车称为"无马马车"，针对马车的规定被不合理地应用到了早期汽车上，例如速度限制。受到马匹体力和耐力的限制，马车的速度相对较慢。当时设定的速度限制主要是为了保护行人和避免马匹受惊，但是当汽车开始出现在道路上时，仍然被要求遵守这些基于马车的低速限制。

很多单点的数字化技术，如果不以数字化的视角来重新理解业务，可能无法发挥数字化的作用。比如在线质量检测，传统的仪器需要定期校验，委托有资质的计量部门进行检定。然而，数字化提供了多种在线标定的可能性。例如，设计特定工况下进行自我校正，或利用大数据进行交叉验证，也可根据数据变化的模式和劣化规律来自我修正。若仍然坚持传统仪器的定期校核和标定的规范要求，不仅费时费力，还可能在拆装仪表送检的过程中产生新的问题。

（3）天马行空的幻想　还有一个误区是将数字化理想化，期待通过一次性的数字化努力解决所有业务难题。一些企业希望通过建立"平台"来应对自身无法解决的问题。当我们雄心勃勃计划构建行业的互联网平台时，我们必须清醒地意识到，建立平台的复杂度更高，这时候要真诚地反问自己：我们是否真的做好了充分的准备？

### 3. 追求确定的标准答案

我们的思维习惯倾向于寻找确定性的解决方案，但在数字化转型的过程中，寻求标准答案是非常危险的。数字化是赋予企业应对不确定性的能力。面对不确定性的问题，不可能存在确定性的解决方案；面对复杂问题，我们也不能期待有简单的标准答案。

（1）买标准软件　建设信息化时，ERP（企业资源计划）、MES（生产执行系统）、CRM（客户关系管理）等逐渐形成标准化的系统，让一些企业也想寻找数字化的标准软件系统，认为购买了软件就等于获得了该软件背后的管理模式，从而将数字化转型简化为选择成熟软件的决策过程。然而，数字化转型与企业的业务深入耦合，每个企业的业务不同，工艺流程不同，设备也不一样，因此数字化转型方案和路径都是高度个性化的。数字化应被视为组织自身修炼的过程，我们不能通过外部购买来替代内部修炼。

数字化是通过提升组织能力来应对不确定性的，这个过程类似于健身。我们可以购买健身房的会员卡，但坚持运动的习惯却无法通过购买获得；我们可以购买保健品，但健康并非可以直接买来；我们也可以购买著名教练的私教课，但仅仅上课并不能直接带来锻炼的成果。在设备管理的数字化方面，虽然我们可以购买传感器、数据采集网关和大数据平台，但这些并不能直接提升设备管理能力；同样，虽然我们可以购买失效模型和预测算法，但无法直接建立预测性维护的能力。

（2）迷信权威，盲目跟风　很多企业是在国家产业政策的推动及市场竞争的压力下，仓促地开始了数字化转型。企业自身对数字化转型的认识并不清晰，缺乏系统的转型战略设计，既没有数字化转型的顶层设计与规划，也没有一条清晰的执行路线图。

有些企业想看其他企业怎么做数字化，总结出一些较为成功的数字化标杆企业数字化转型的经验。传统产业的数字化有十分鲜明的行业特征，每个成功的企业都建立了独特的竞争优势，这种独特性导致数字化转型的经验难以被复制给其他企业。数字化转型没法"抄作业"，即使在其他企业成功落地的数字化，移植到你的企业也很可能"水土不服"。

数字化转型目前没有通用范式适用于所有企业，从国家到行业到企业，我们还处在智能革命的早期。即使成功转型的企业，也在快速迭代，很难做出一个确定的数字化蓝图。

（3）向外部顾问要答案　很多企业依赖外部顾问规划数字化转型蓝图，认为自己不懂数字化，需要请外部咨询顾问提供答案,制定数字化转型的路线规划。虽然外部专家可以提供宝贵的见解和帮助,但内部团队对自身业务的理解和承诺对于长期成功至关重要,只有建立内部组织能力才能维持组织的成长和外在适应。

数字化的真正内核是业务创新,真正的转型只能通过企业自身的学习,自己培养能力。企业业务的创新基因蕴含在企业内部,简单抄作业是无法获得成功的。工业领域的知识具有独特性,有很高的壁垒和门槛,外部顾问很难快速掌握。

缺乏自信而寻求外部帮助,却忽视了业务的内核实际上在自身。数字化的核心要从业务自身出发,回归价值的根本,定义真正的问题。选择最合适的技术,解决正确的问题,创造真正的价值。正如医生的建议和药物的治疗,不能代替身体的逐渐康复。数字化是企业的自我修炼,业务的转型和能力的提升是一个痛苦转变的过程。

### 4. 过度简化

问题的复杂度与解决方案的复杂度之间需要相匹配,能够解决问题的答案往往与问题本身同样复杂。不要低估数字化转型的复杂度,不应期待一次变革就能解决所有问题。

(1)一次性变革项目 有些企业错误地将数字化转型视为一次性项目,期望通过一次变革成功。然而,实际上数字化转型是一个持续的过程,它涉及不断地学习、调整和改进。市场和技术的快速变化要求企业保持高度的灵活性和适应性。

(2)期望即时结果 静态的方法也无法应对动态问题。有些企业对数字化没有耐心,期望数字化转型会立即带来结果和回报。虽然某些变革可能会迅速产生影响,但大多数转型效果需要时间才能显现。长期的视角和耐心是必要的。

（3）用行动的勤奋掩盖思维的懒惰　简单的工具无法解决复杂问题，应避免过度简化的数字化解决方案，否则可能会漏掉重要的环节，导致方案不完善甚至不可行。数字化离不开数据采集，举例来说，有一些项目要采集设备实时数据，开发远程监控大屏。然而，获取设备的实时数据仅是第一步，真正的挑战在于如何有效利用这些过程数据。如果我们没有清晰的数据利用策略，即便建立了高级的平台也难以实现业务的真正转型或创造业务价值。

数字化是一项系统工程，涉及在数字技术的赋能下对业务整体进行转型。寻求快速解决方案或者简单的方法往往会使我们低估问题的复杂性。正如"不能用战术上的勤奋掩盖战略上的懒惰"，我们不能让勤奋的行动掩盖对策略深度思考的缺乏。盲目地推进很多数字化项目，却因忙碌而无暇对业务进行反思和创新，是常见的误区。

### 5. 忽略组织学习与文化变革

数字化转型不仅涉及技术系统的升级，更困难的是人的转变，包括思想、行为以及利益和权力结构的重组。在数字化转型过程中，自然会出现支持和反对的声音，这是人性的正常体现和必然的反应。员工的认可和支持对转型的成功至关重要。因此，文化变革、培训和沟通策略成为实现持续变革的关键因素。在此背景下，领导者应特别关注人和团队，保持坚定的信念和清晰的战略，在转型的波动期间，引导员工克服挑战。构建一个学习型的组织，是确保数字化成功转型的重要支撑。

## 2.3.2　创新的跃迁创造价值

避开前述的数字化误区，我们认识到数字化不仅能够创造真正的价值，还拥有巨大的潜力。从根本的价值创造角度来看，企业的存在基于三个方面的价值，如图 2-9 所示。

图 2-9　企业创造价值的方式

无论是获取价值、创造价值还是传递价值，都可以被数字化。在内部创造价值的活动中，数字化可以降本增效，提高生产效率；在外部获取和传播价值的活动中，数字化可以作为一种使能技术，实现上下产业链的实时高效协作。

更重要的是，数字化作为技术范式的升级，不仅赋能当前业务、提升效率、降低成本和增加效益，还可能根本性地颠覆常规的业务做法。数字化能够实现业务能力的飞跃，帮助企业突破当前发展曲线，跨越非连续性的创新平台期，实现颠覆式创新和能力的跃迁，如图 2-10 所示。数字化转型通过一系列项目和举措增强了业务能力，实现了创新的跃迁。通过多个小型项目的快速迭代，筛选出能够增加业务价值的新做法，并将其固化在业务流程中，进而促使业务形成新的增长曲线。

### 2.3.3　业务与数字化的二维矩阵

很长一段时间里，数字化被视为技术先进的代名词。与互联网企业这些原生数字化企业相比，传统的工业企业在数字化技术方面比较欠缺，因此很多人误认为数字化转型首先要加强技术，把加强数字化能力等同于招募算法工程师、开发机器学习模型。

然而，数字化不能等同于"系统建设"。我们不应该简单地把数字化视为提高效率的工具，不断上线各种高级的软件系统。

第 2 章 以数字化应对不确定性

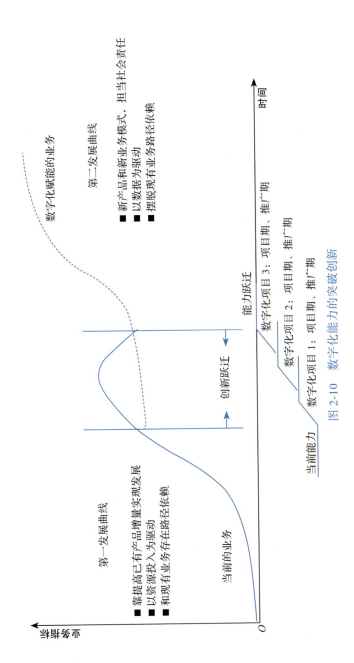

图 2-10 数字化能力的突破创新

数字化转型的真正价值，源自数字化技术与企业业务的深度融合。数字化转型的本质是业务的转型与升级，是突破式创新，体现在技术维度的能力跃迁与业务维度的模式创新上，如图 2-11 所示。我们必须从业务的视角出发，思考转型的路径，找出技术对业务的有效支撑点。盲目地堆积大量数字化技术和工具而忽略业务需求，必然会导致技术与业务脱节，无法实现经营业绩和财务收益。

与其不断地进行加法，数字化转型反而应该着眼于做减法。我们需要从业务的底层逻辑出发，反思哪些环节可以简化或省略，哪些环节是非必要的浪费。"做减法"不仅能帮助当前业务实现突破性的创新，从原有的增长路径跃迁到新的增长曲线，还有可能重塑价值链的上下游，实现架构式的系统创新，促使企业从内部数字化转型向产业互联网平台的发展迈进。

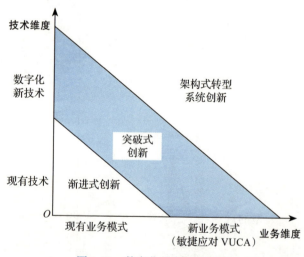

图 2-11　数字化的突破式创新

数字化转型是由业务与技术"双轮驱动"的进程，图 2-12

从技术和价值两个维度，展示了数字化转型的进化过程。如果业务的核心逻辑比较稳定，那么数字化的技术创新可以优化现有业务。反之，如果客户与市场发生显著变化，导致我们需要重新思考业务的核心前提，在这种情况下就不要追求最先进的新技术，而是考虑已有技术要素的新组合。业务驱动的数字化应以业务为中心，结合业务发展的特性和趋势，匹配适合的数字化技术。当业务与技术的创新同步进行时，数字化转型更易于实现，才有可能突破已有价值链，实现系统创新。

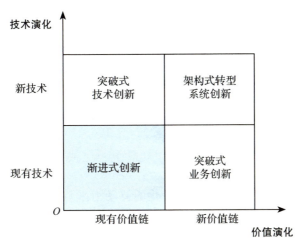

图 2-12　业务与数字化的二维演化矩阵

## 2.3.4　数字化的企业心流

数字化转型的过程，个人和组织都会产生很多心理触动和情绪冲击。借鉴心理学的心流理论，数字化转型也会产生企业的心流，如图 2-13 所示。

若希望在数字化转型过程中减少负面情绪、激发积极情绪，则需要引导组织的心理状态。当业务创新与技术变革同步进行时，企业的数字化程度和业务的不确定性程度相匹配，就是企业心流涌现的状态，这时候数字化转型会非常顺畅，转型阻力小，创新活力充沛。

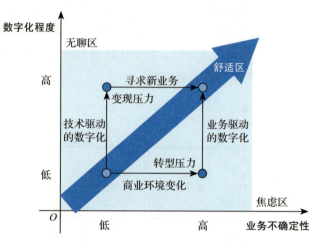

图 2-13　数字化转型的企业心流

相反，一些企业推动数字化的驱动力来自内在的焦虑和不安全感。焦虑产生于能力与目标之间的巨大差距：若能力低于目标所需，则可能觉得任务过于艰难，从而产生焦虑；若能力远超所需，则可能觉得任务太简单，感到无聊。唯有当能力与挑战的难度恰好匹配时，即技术能力刚好满足业务挑战的需求，组织才既不会感到焦虑，也不会觉得无聊。在这种状态下，人们在恐惧（对数字化技术的未知、不知所措）与无聊（对现状习以为常，缺乏挑战）之间找到平衡，再去控制复杂且快速变化的不确定事件时，很容易产生心流体验㊀。

---

　㊀ 契克森米哈赖. 心流 [M]. 北京：中信出版社，2017.

传统工业企业导入数字化技术相对缓慢，业务上可能存在大量疑难杂症，满怀期望数字化都能解决，反而陷入"焦虑"心态。这种焦虑一种情况源于无法找到解决实际需求的合适技术，又对各种热门技术缺乏深入判断。工业领域的传统供应商可能会将最新的热门技术进行包装，将MES升级为智能运营系统，将ERP升级为智慧运营平台。如果不能真正解决业务问题，貌似很有"科技感"的数字化，也只是"新瓶装旧酒"，不仅治标不治本，还会进一步加剧"焦虑"的感觉。

另一种情况可能来自人工智能的科技公司，他们拥有先进的人工智能技术，却缺乏工业背景和业务知识，他们围绕数字化技术寻找业务场景。追求技术领先而不考虑实际应用场景，会导致积累了大量先进的人工智能技术但无法落地，企业的情绪便进入了"无聊区"。

本书认为，企业应以业务的不确定性作为数字化的驱动力，围绕业务的核心逻辑匹配最适宜（并非最先进）的数字化技术，这样更容易让企业保持创新的心流状态，平静面对各种流行的数字化热门话题。

### 2.3.5 举例：工艺与质量的数字化

以生产制造中的质量管理为例，为了减少工艺水平波动，有工艺管理、工艺改善和工艺创新等基础业务活动。无论是否进行数字化，每个业务活动都需要提高工艺的水平。经过一段时间的改善，常规手段逐渐会遇到瓶颈，这时候就不得不借助数字化技术。图2-14中，只要从业务发展的需要梳理业务的改善方向，自然会形成该业务的数字化规划。

工艺管理是基于现有设计的工艺，通过管理手段使工艺过程维持在预期的理想状态。设备磨损、人员变动、来料波动都会影

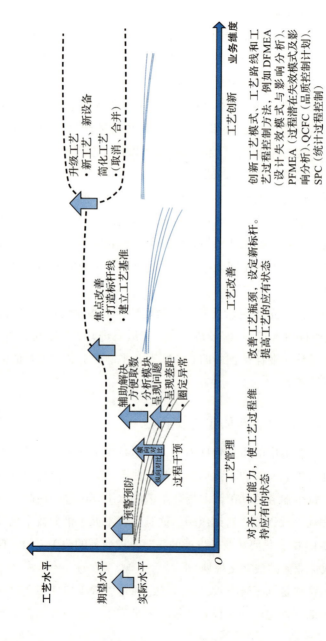

图 2-14 工艺数字化规划

响工艺的水平，数字化可以快速发现问题，指挥管理的焦点聚焦在有规律的系统性异常上。通过对同一设备不同时期工艺水平的纵向对比，或者同一工艺不同设备的横向对比，快速定位质量变异点，辅助人们快速定位。

在实践中不要纠结什么才是"真正"的数字化，而是关注如何提高下一阶段"数字化程度"。从现状往前看，哪些业务的痛点可以用数字化来解决。以质量管理为例梳理问题根因的数字化，如图 2-15 所示，是业务要素与数字化程度的二维矩阵。

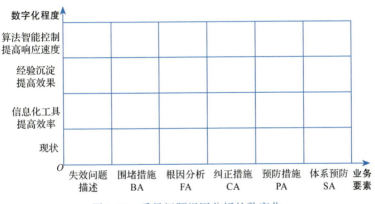

图 2-15　质量问题根因分析的数字化

## 2.4　低成本的数字化

很多人觉得数字化需要巨大的资金投入，并且周期漫长，所以号称要将数字化"作为长期战略"，这可能是一种战略上的拖延。其实，数字化转型中的大成本投入往往是隐性的，如果等系统上线后才发现无法解决业务问题，其损失不仅是购买软件和服务的费用。依照本书方法论，围绕业务价值优化，数字化的投入一定是值得的。

### 2.4.1 快速变化与信息碎片

企业处理信息的方式也在发生变化。传统标准的信息化，需要根据场景不断进行调整。企业需要更先进的算法模型对信息进行预加工。下面从两个维度来看信息化的发展过程。

- 信息密度：指的是承载信息的丰富程度，趋势是信息载体的颗粒度越来越小。从微博到微信，信息越来越碎片化，更小颗粒度的信息提供了更多的信息组合方式，数据消费和使用形态更多样化。
- 信息的时效性：从媒体到自媒体，从文字到视频，消息产生和传播的速度越来越快。

在消费互联网领域，信息量比较大且信息之间相对独立。在工业领域，企业中各职能部门产生的信息深度耦合，信息被致密地组合在一起，才能形成有效决策。这样不可避免地在企业内部形成壁垒，打破部门墙需要来自外部市场竞争的压力，外部条件积累成足够的势能，压力在部门之间传递，转化为内部协作的动力。

安筱鹏在"不重构无未来，通向数字化转型 2.0 之路"为主题的演讲中指出，面对数字化进程中纷繁复杂的各种问题，要清晰认识到企业数字化转型的基本矛盾：企业全局优化需求与碎片化供给之间的矛盾。跨越集成应用陷阱，构建基于云边协同的数据采集、汇集、分析服务体系，推动制造资源泛在连接、弹性供给、高效配置。

随着信息量剧增，企业不得不把处理信息的规则进行抽象、整理，交给机器负责。数字化转型不仅用机器承接原来人的低级智能，还构建学习型组织，使人们学习更智能的新技能，组织不断演化发展。

## 2.4.2　十倍速的机会

数字化与人工智能技术呈现出明显的"十倍速"增长。多种数字化技术在融合碰撞中相互促进，快速发展。数据的丰富促进了人工智能算法的成熟，AI 的成熟吸引了广泛的应用，又产生了更多的数据，由 AI 生成的内容爆发式增长。

技术的发展带来 AI 的普及和平民化，不仅效果大幅提升，成本也迅速下降。在技术快速突破的时代，每个企业都要重新思考自己的业务，是否可以跟数字化结合。

### 1. 效果十倍好

目前，数字化技术已深刻影响了众多行业，这一趋势日渐明显。未来，数字化将更进一步深入地影响我们工作的各个方面。

数字化的最直接体验，是信息传播速度更快，信息传递时间更短，人际沟通效率更高。现在，人们能够跨地域、跨时区实时进行交流和协作，显著提升了交流的速度与便利性，同时也潜移默化地改变了工作模式。

除了显著提升信息传递效率外，数字化还从根本上变革了信息处理的方式：由传统的"人找信息"模式转变为"信息找人"模式。在此模式下，数据根据既定规则形成自动流动的数据流，数据被实时采集、实时传输和实时计算，异常的模式和事件被自动捕获，智能地采取行动对异常波动进行快速反应。这降低了知识工作者在搜索和分析信息上的工作量，提高了管理者决策的效率，增强了业务的灵活性和敏捷性。

以 ChatGPT 为代表的人工智能技术，能充分理解人类的语言和沟通的情境，直接与人类自然地对话。这不仅改善了用户体验，更重要的是，在人工智能技术与专家对话过程中，人工智能技术通过更精确的语义理解、逻辑推理和情感分析，促进了专业知识的快速迭代和高效积累，增强了企业的竞争力。

大数据和机器学习技术的普及，简化了大规模数据分析的难度，使企业能够更有效利用数据和经验，洞察市场趋势和消费者行为，提供个性化推荐和服务，从而提高了决策的速度和精确度。最新的AI技术正推动自动化扩展至更高级的任务，不限于简单的例行任务自动化，还包括数据分析、模型预测、设计优化，以及复杂的决策制定和创造性工作等高级功能。结合实时优化控制的物理网和边缘计算，显著提高了运行态管理与优化的速度和精确度，对实时监控系统、自动驾驶车辆、智能制造等领域至关重要。

最新AI模型具备自主学习和自我优化能力，根据新数据和结果的反馈不断调整行为和策略。这种能力使数字化系统具备自我进化功能，在不断变化的环境中持续学习，并保持最佳性能，大幅提高了系统的灵活性和效率。

总之，数字化不仅极大提升了信息处理和决策的速度，也深刻改变了业务的决策能力、响应速度和环境适应性。这些进步不仅加速了技术本身的发展，也为各行各业带来了深刻变革。我们正处于一个充满潜力的技术突破和业务转型时期，企业若能早日抓住这一时代的技术红利，便能在激烈的竞争中占据先机。

### 2. 成本迅速下降

数字化确实需要成本投入，对数字化技术的旺盛需求进一步推高了其成本，这可能让人产生一种数字化成本很高的错觉。然而，技术进步根本上促成了数字化成本的迅速下降。云计算、物联网、低代码开发平台等技术大幅降低了数字化技术的门槛；数字世界中的信息流转，比现实世界中更加高效且成本更低；曾经仅限于数据科学家使用的高端人工智能技术逐渐普及到广大群众。最终，AI 成为"百姓日用而不知"的日常工具。

数字化的直接成本主要与数据、算法和算力相关。如图 2-16 所示，过去三十年，数据传输、存储和计算的成本大幅度下降。

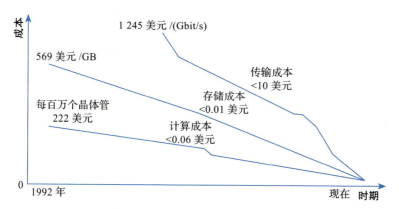

图 2-16 数据的计算、存储和传输成本下降趋势

获取更多的数据就需要付出更多的代价。与扩大数据量有关的成本快速下降，表现在：

- 数据采集成本：新型传感器和物联网技术，10 倍地降低了数据采集的成本。很多自动控制设备，可以很方便地将过程数据存储下来，深度分析和迭代优化。
- 数据传输成本：互联网的初衷是促进通信发展，其信道容量不足以支撑物联网的高速数据传输。在不改变互联网基础设施的前提下，需要精心压缩数据再传输，从而增加了传输的成本。
- 计算存储成本：计算的成本遵循摩尔定律指数下降，存储也有类似的定律。2005 年，美国电工程师和物理学家克拉底指出：硬磁盘驱动器的存储记录密度，每十年半提高 1000 倍（每 13 个月约提高 1 倍）。同时，通过云存储共享可以削峰填谷，减少备用裕量储备的存储空间，进而进一步降低存储成本。

数字化的间接成本，主要是算法开发的研发投入。好的算法有规模优势，部署之后与数据量关系不大；差的算法不仅耗费大量的计算资源，更需要大量的数据作为输入。

- 算法开发成本：知识积累需要一个过程，模型训练需要大量标注数据。现在基于神经网络的机器学习，更是需要大量的训练数据和标注样本，获取良好的标注样本可能费用极高。将专家多年的积累快速传授给模型算法，能降低学习成本。
- 算力计算成本：计算的成本遵循摩尔定律指数下降，所以尽量用低成本的计算代替高成本的存储。

此外，还有软件采购和平台租用的成本。以 ERP、MES 为代表的大型企业软件，花费非常高。买家要一股脑把用得着和用不着的功能都买过去，这是典型的工业化大生产时代的产品和销售模式。未来的商业软件趋于轻型化，大型软件会被分解为很多小模块，在开放的平台交易供客户按需付费，这也倒逼商业软件公司去开发真正有价值的软件。

图 2-16 还表明，数据传输、存储和计算成本下降的速度并不一样，存储成本下降很快，我们在算法设计上可以"用空间换时间"。当算法非常复杂时，可将计算的过程变量存储，用空间换时间来节约再次计算的时间。

为了更好地利用计算资源，在工业物联网中，采用更复杂的模型计算来代替对数据的直接采集，这是虚拟量测的应用。当传输成本快速下降时，将单机本地的计算转移到云端进行集中处理，可能会降低成本。

## 2.4.3 避免盲目投资的浪费

虽然数字化的成本越来越低,但是也要避免盲目投资的浪费,盲目投资的浪费导致很多人认为数字化一定需要大量的资金投入。有效降低数字化投资,就要从优化目标出发,以价值驱动数字化,避免额外的投资浪费和盲目的返工。盲目采集数据是一种浪费。设想积累数据以备"将来有用",往往真要用数据的时候,又会发现遗漏了更关键的必要信息而无法使用,还得重新积累数据。

数字化对业务模式的改变,可以带来更深度的成本节约,比如质量检验的数字化。工业生产过程存在大量检查活动,如生产过程检验(Input Process Quality Control,IPQC)、品质检验(Final Quality Control,FQC)。数字化技术可以降低获取信息的成本。比如,基于工艺过程的机理模型用在线的虚拟量测取代实际的离线检验,模拟仿真和数字孪生技术将少量残缺的信息补齐,基于少量的反馈矫正而取代高频数据采样,进而整体上降低计算的成本。

设计良好的算法可以最大限度利用数据。近年来在图像处理领域的超分辨率技术,基于生成对抗神经网络(Generative Adversarial Network,GAN)能基于模糊的图片生成高清图像。在质量管理上,用随机抽样代替定时抽检,可以减少 IPQC 的频繁抽样,并将残缺的抽样数据用压缩感知算法生成高质量的过程抽样[○]。

---

○ 压缩感知算法是一种寻找欠定线性系统的稀疏解的技术,最近这个领域有了长足的发展。

## 2.5 数字化的场景举例

数字化的价值来自信息化与工业化的融合,产生了新的组合创新,这种组合可能产生远超过信息化软件自身的增值。

数字化通过抵抗不确定性创造价值。传统的工业系统有大量不确定的干扰,为了抵抗这些不确定性,产生了大量的冗余,包括设备在设计上留有裕量,产品在使用上留有安全边界,管理流程的协作之间也有缓冲,这些缓冲都是应对可能发生的不确定性。如果能预见不确定的干扰,就可以减少这些作为缓冲的裕量。高手基于丰富的经验,能从蛛丝马迹中预见风险,所以说"艺高人胆大"。现在的数字化技术,让普通人也能像高手一样预见不确定性。其实,数字和信息本身是没有价值的,数据只有被用来优化工业,释放镶嵌在工业系统内无所不在的缓冲"浪费",才能产生实际的价值。

### 2.5.1 精益管理:消除工厂浪费

精益是智能制造的一个重要思想基石,现代数字化的技术,可以更彻底、更有效地实现精益生产的理念。

工厂有很多浪费,如产线不平衡导致等待的浪费,库存导致资金的浪费。除了必要非增值环节,还有为了顺畅协作而设置的必要缓冲环节,这些"浪费"本质上是为了应对波动和异常。比如,为了平衡产线而设置的线边库,可以缓冲前后工序之间的波动,就像人体骨骼之间的软骨组织。同样,来料库存可以缓冲采购周期与生产计划的波动,成品库存可以在不改变生产节拍的前提下,更快速满足客户需求。

源于日本丰田的精益生产,其目标就是零库存、零等待。精益生产主要有两个重要的机制:一个是即时制(Just In Time,JIT),

针对库存的浪费，精益生产希望用最少的必要资源，以正确的数量生产和运送正确的零件，最大程度上降低库存，防止过早或者过度生产；另一个是自働化（Jidoka），"働"是日本造的汉字，是让设备或系统拥有人的"智慧"。比如，当一个工序遇到异常情况时，第一时间通知相关联的工序，将故障之前的所有工序停下来，就像在高速公路上，一个位置出现事故，立刻通知后续所有车辆及时采取措施。

受限于当时的技术，精益生产的思想主要通过管理流程来落实。现在，数字化技术为精益管理提供了全新的实现手段。如果精益管理的创始人生活在当今这个数字化时代，精益管理方法必然会与过去大相径庭。虽然消除浪费、持续改善等精益管理的核心理念依然不变，但其实现方法和技术手段会根本不同。在传统精益管理中，经验和知识依赖于人的积累与传承，现在，数字化的算法模型将承担这一角色。例如，生产线的实时数据可以通过物联网采集，基于运筹学优化的模型自动生成最优生产计划；同时，利用机器学习算法分析生产数据，实现自主的持续改进。通过这些技术手段，企业不仅能够大幅减少对个体经验的依赖，还能够在更大规模和更高复杂度的环境中，精确、快速地实现精益管理的目标。

### 2.5.2 设计降本：挖掘设备的设计裕量

量产的产品以同样的设计满足众多用户需求，必然在设计上留有裕量。几乎每个产品都有很多你用不到的功能，个性化定制能大幅度节约这些浪费，但是个性化产品无法充分发挥工业时代规模化的优势，无论是研发还是生产都又增加了成本。工业时代追求规模，规模化大生产极大地提高了生产效率，降低了成本。尽管在产品的功能和原料上有所浪费，标准化产品的成本也达到了最低。现在，新的数字化技术在满足个性化需求的同时，还能规模化生产。大批量定制生产既消除了设计裕量的浪费，又保持规模化量产的低成本优势。

以风力发电机组为例，技术规范一般指标称的正常运行条件，见表2-1。风机是将风能转化为电能的设备，在不同的环境温度、海拔、电网电压下，将风能转化为电能的能力是不一样的。当电网电压较高时，风机可以发出更多的电能，能从2MW超发到2.2MW，甚至2.5MW。但是客户仅根据最低的功率2MW采购设备，在实际使用的时候也限定在2MW，就算有再大的风也只好将多余的能量直接抛弃。

表2-1 某风力发电机机组技术指标

| 技术指标 | 最小值 | 最大值 | 单位 |
| --- | --- | --- | --- |
| 风速 | 3 | 25 | m/s |
| 功率 | 0 | 2 | MW |
| 电网电压 | 621 | 759 | V |
| 电网频率 | 49.5 | 50.5 | Hz |
| 功率因数 | −0.95 | 0.95 | |
| 环境温度 | −30 | 45 | ℃ |
| 海拔 | 0 | 2500 | m |

工业产品的设计，要满足所有的指标在各种组合下都正常工作，实际使用的时候，这些因素几乎不会同时发生。如图2-17所示，以风机的电压和频率两个指标为例，中间最小的区域是标称的工作范围，频率介于49.5~50.5Hz之间，短时间内可以动态地扩展到47.5~52.5Hz。

通过增加传感器，并根据实际运行的工况，动态调整各指标的边界，这就是风机的数字化升级，如图2-18所示。高级过程控制算法让风机变得聪明，一方面提高了设备可用的功率，实现了动态超发，最大限度增加了风能利用率；另一方面减少了设计的裕量，降低了设计的成本。

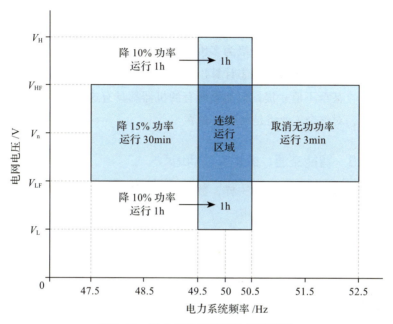

图 2-17 风力发电机机组的运行范围

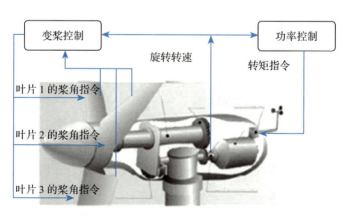

图 2-18 动态自适应控制的智能风机

设备需要设定保护阈值来保证设备安全运行，目前常常是固定的参数。然而实际材料的极限应力、电压的耐受能力、温度的范围都不是简单的阈值。数字化使得工业设备柔性动态地调节运行范围。智能的机器可以做运算，只要简单地运算，就可以从简单粗暴的阈值保护，升级为多因素关联的动态保护。机器可以根据实际的运行工况，动态计算出最恰当的保护阈值。这看起来很简单，甚至不值一提，但如果所有的机器都具有这样简单的计算能力，对整个工业将是彻底的变革。

### 2.5.3　智能交通：缓解交通拥堵

与智能风机的逻辑一样，数字化可以缓解交通拥堵，治疗城市顽疾，这就是智慧城市。

工业思维主导了我们这个时代的主流文化，工业化的生产模式也影响和塑造了每个人的思维模式。我们不仅用工业化思维设计工厂，还用工业化思维管理城市。比如，我们用红绿灯管理交通，在白天黑夜，不管是空荡荡的道路，还是堵成了长龙的道路，红绿灯都以固定的节拍交替闪亮。

工业化的思维让我们把复杂的系统简单化，机械化地对待生命一样的复杂系统，这是削足适履。现在，数字化可以完全改变这些削足适履的行为。工业化以机械的模式限制了生产力，削足适履的思维缩小了现实的可能性边界，而数字化可以释放被传统工业思维限制了的现实可能性。

不仅在工业领域，整个社会的各个方面都深受工业思维影响。很多现代社会的难题，如医疗、教育，都需要我们突破固定的思维模式，系统性地找到智慧办法。交通、教育、医疗也都在积极拥抱数字化。

我们身处一个工业时代向后工业时代转型的年代，虽然本书关注工业数字化，但数字化如果能成功地扭转工业生产的机械化思维，就能塑造我们更复杂的新思维，让我们在新时代生活得更好。

## 2.6　本章小结

驱动数字化转型的底层动力来自企业内外部的不确定性。数字化的价值，在于对实体业务的优化，并能在动态过程中抵抗不确定性。数字化已经成为这个时代最大的技术红利，如果能与自身的业务结合，企业就可以突破竞争的瓶颈，实现能力的飞跃。

## 第 3 章
# 工业数字化转型的常规路径与集成探索

　　工业企业如何做数字化转型，众说纷纭。沿着"智能"的不同特点转型，形成不同的转型路径。

　　"智能"是更高阶的信息，是数据中内含的语义。要从数据中浓缩和提炼有价值的信息，包含三个基本要素：感知信息、分析信息并形成决策、执行决策采取行动。根据自身的数据基础和业务特点，从其中的一个要素切入，形成了数字化转型的三条道路：

- 建设中台的数据之路：增强感知，打通数据孤岛，构建工业互联网的数字化之路。
- AI 算法之路：提升智力，打造工业大脑的智能化之路。
- 自动化之路：自动执行，黑灯工厂的无人化、自动化之路。

　　任何一条道路都能提升业务的竞争力，但只能算初具智能的特征。真正有价值的智能是感知、决策和行动三要素的有机融合。数字化是一个系统工程，每个企业必须根据自身特点，探索适合自身的整合之路，无法简单"抄作业"，依照一个标准化的蓝图完成数字化转型，或者把转型的重任交给第三方的供应商。

工业数字化转型不是单纯的技术应用，而是系统性的范式变革。要从单一的狭隘视角跳出来，避免盲人摸象。从智能的三个维度，能看清楚不同路径的优劣，可以扬长避短。要将数字化的技术创新放在企业管理和外部竞争的价值链中，考察关注如何用数字化的技术创造企业竞争优势和客户价值，形成最适合自身企业的数字化方案。

## 3.1 增强感知之路：数据中台和工业互联网

对数字化最自然的想法是采集更多的数据和信息。数字化离不开数据，可以沿着两个维度获取数据，如图 3-1 所示。

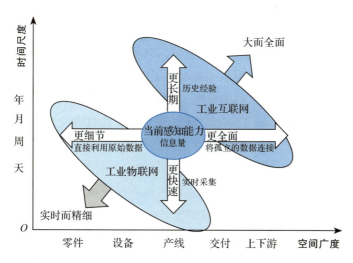

图 3-1 数字化增强了数据感知能力

在空间广度上：打通数据孤岛，建立全面统一的多维度数据平台，也能在更小尺度上，获得细节而具体的设备数据，见微知著。在时间尺度上：既能保存长期的数据，也能更快速及时获取最鲜活的实时数据。

基于大数据创新产业链上下游的商业模式，形成工业互联网平台。工业互联网在信息化系统的基础上，打通数据孤岛，将不同的系统统一集成，实现公司内部价值流的端到端整合与优化，甚至跨越公司在产业链上下游整合优化。

随着物联网技术的发展，可以低成本获取设备精细的实时数据，形成工业物联网平台。以前只有重要的关键设备才做实时监控，而现在低成本的传感器和物联网技术，使我们可以采集所有设备的数据，记录生产过程的全量数据。现在，物联网和机器视觉在工业生产现场得到广泛应用。

### 3.1.1　工业物联网：硬件成为数据入口

物联网概念最早出现在1982年，卡耐基梅隆大学有台可口可乐自动售卖机被连接到互联网，以监控其库存。1995年，比尔·盖茨在《未来之路》中就设想了万物互联，但受限于当时的技术，并没有引起人们的重视。2005年，国际电信联盟正式提出物联网（Internet of Things，IoT）的概念。2011年之后，物联网获得快速发展。随着智能可穿戴设备的普及，物联网获得突破性的发展。

物联网扩展了互联网概念，网络不仅连接人，还能连接设备，甚至连接一切可以被数字化的"物体"，万物互联。其中的"物"可以是工业生产中人员、机器、原料、方法、环境的任何对象，不同的连接对象形成如图3-2所示的P2P、P2M或M2M多种物联网。在工业体系下最关心的是M2M，因为M2M使得孤立的设备可以对话,自主基于环境条件的变化动态调节设备运行状态,产生了很多新的创新。

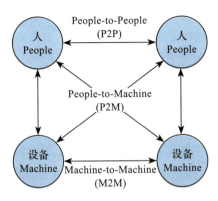

图 3-2 物联网的种类

关于物联网,存在大量英文简写的术语。工业领域中物联网技术被称为工业物联网(Industrial Internet of Things,IIoT),如图 3-3 所示。物联网与人工智能结合成为智能物联网(Artificial Intelligence of Things,AIoT)。IoT One 收录了 807 个物联网术语,很多概念的内涵和外延高度重叠。过度炒作和概念模糊,无谓地增加了最终用户技术选择的困难。在工业实践中,我们只有更关注物联网的技术内涵,才能不受概念的困扰。

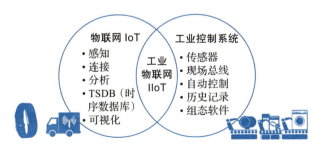

图 3-3 物联网和工业控制系统的融合

1. 物联网的核心功能

物联网兴起源于智能传感技术，随着智能穿戴设备的普及，物联网走入人们的日常生活。智能手环可以监控心率和睡眠状态，医疗物联网24h不间断地监控患者的健康数据（如血压、体重和心率等），并实时传给医生。

在工业领域虽然也关注智能传感和在线测量，但是工业物联网更关注大规模采集设备内部数据。工业设备中已经有大量的传感器，只是数据并没有存储。在物联网兴起之前，工厂的设备由工业自动化厂家主导。比起物联网，工业自动化领域的分布式控制系统（Distributed Control System，DCS）成本比较高，只能监控重要设备的关键指标，而物联网提供了大量低成本的替代方案。

如果说工业控制系统的OT像显微镜，感知设备的每一个细节，而IT系统像是望远镜，对每个业务环节都有总体的了解，那么工业物联网IoT则能结合OT和IT的优点，像是高分辨率的天文望远镜，如图3-4所示，既能感知设备的细节，也能将所有设备数据汇集在一起，与各业务的IT系统集成。MES聚焦于生产过程，一般只记录工艺和工单的关键结果数据，而物联网可以记录生产过程的完整数据，能逼真还原生产过程。

相比IT通信而言，工业控制系统相对封闭，不同厂家的通信协议、数据存储格式难以兼容，导致数据采集、存储的成本比较高。数据采集仅仅满足自动控制的功能需求，设备的数据基本不保存，而在设备内直接使用。虽然多数设备都有传感器，但是仅在有限范围内连通。厂家自主定义的私有通信协议，导致不同厂家的设备之间很难通信。设备自身会存储少量的日志和历史数据，但是仅仅满足调试和维护的需要。一些贵重的设备会存储故障的快照数据，详细记录前后的状态数据，辅助故障分析诊断，类似飞机的黑匣子。

| OT<br>工业自动化 | IOT<br>工业物联网 | IT<br>信息技术 |
|---|---|---|
| 设备有大量高价值数据<br>• 更多的、更精细的数据<br>• 完整的设备状态<br>• 完整的控制调节过程<br>• 毫秒级的响应时间<br><br>高价值的数据没有存储<br>• 速度太快无法全部传出来<br>• 不同厂家协议不兼容<br>• 数据量大，存储成本无法接受 | 打通 OT 和 IT 数据传输壁垒<br>• 接口开放，多种设备、异构通信<br>• 在低成本、高密度的数据集中存储<br>• 兼顾全局与细节，可实现同一产品不同工序的加工数据对齐，用具体而细节的数据支持工艺优化、设备维护 | 宏观信息，颗粒度粗<br>• 生产过程的批次数据，不包含工艺波动的细节，生产过程利用平均值、方差等统计量取代，提升工艺能力困难<br>• 设备维护时，不了解故障时的细节，只能凭 ME（制造工程师）的经验，常常无法确认故障的根因 |

 显微镜    高分辨率天文望远镜    望远镜

图 3-4　工业物联网是 IT 与 OT 的融合

物联网带有强烈的互联网基因，"开放、自由、协作、共享"，迅速降低了数据采集、传输、分析和存储的成本。在消费互联网领域验证过的很多技术成本低廉，性能还更高，源代码开放。这些互联网领域的打法，无论从思想还是技术上对传统的工业自动化都具有降维打击的优势。

物联网在工业领域中应用，需要包括数据采集、通信传输、数据建模、分析计算、存储展示，才能构成完整的应用方案，完整的技术如图 3-5 所示。为了实现工艺优化与设备维护等高价值应用，数据通道应当双向通信，控制指令可以反向传送回设备，更新工艺参数，甚至直接控制设备。

## 2. 设备数据采集与通信

物联网拓展了数据的感知能力。大量低成本的传感器，可以被分布式地部署，更全面和细致地感知设备的状态，可以基于更精细的数据进行工艺过程控制。很多难以量测的信号，也可以用

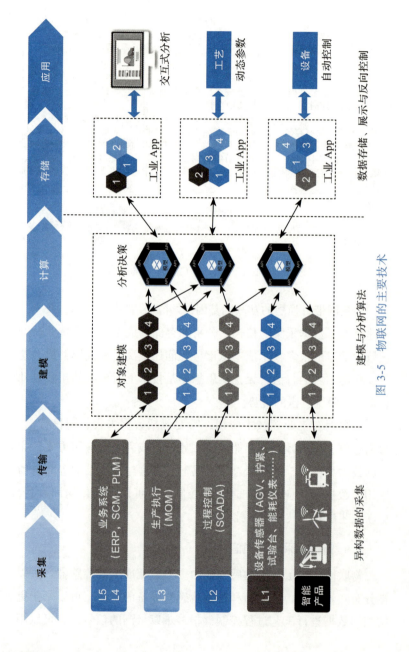

图 3-5 物联网的主要技术

其他有关的信号进行计算，这就是虚拟量测技术，这可以大幅降低工业生产中在线检测的成本。

工业设备内的各种传感器信息被提炼为关键参数，集中汇集给设备控制器，如可编程控制器（Programmable Logic Controller，PLC），这是集中感知的方式。分布式的感知就像人的皮肤，可以对环境场景有全面而细微的感受。比如温度测量，工业传统的温度传感器只能测到平均温度，而物联网用光纤或红外线可以测量温度的分布场。在化工生产过程中，测量温度场、流场的均匀性，对工艺过程控制至关重要。

物联网还提供多种通信技术，不同类型的传感器和设备方便、快速地连接在一起，各种小的数据交换变得简单。比如，智能手机内置了近场通信（Near Field Communication，NFC），能够与钱包、非接触式信用卡、门禁卡发送和接收信息，即触即用，简单且安全。

通过实现设备之间更紧密的集成和通信，人们普遍认为物联网将改变人们的生活、工作和娱乐方式。然而，物联网要在更主流的工业领域硬塞，还存在很多新的问题。要在工业场景发挥价值，物联网还需要与工业深度融合。比如，工业对通信的延时有严格要求，为了在非确定性的以太网中实现确定性的最小时间延时，设计了时间敏感网络（Time-Sensitive Networking，TSN）的协议簇，并且为了适应网络连接的不可靠，需要具备断点续传的功能。

工业设备的通信协议就像人类的方言一样，种类繁多。有些设备使用自定义的私有协议，就像小语种方言。为了方便规模化部署实施，需要将各种设备的方案转化为统一的语言。"物联网网关"内置了常见的工业通信协议，用户简单配置后就能将工业协议转换为简单的 IT 协议，如 MQTT[⊖]（Message Queuing Telemetry Transport，消息队列遥测传输）。当对设备数据进行无间断采样时，信道容量就变得稀缺。现在的技术，一般只能实现秒级的传输，要实现更快的采样，就要仔细筛选传输的内容，尽量减少数据包的大小。

另外，还需要考虑服务器的部署方式，设计云、边、端协同的方案。在设备附近部署本地的处理器，比如振动传感器、声音传感器，就近处理数据将结果上传，可以采集毫秒甚至微妙级别的数据，监控设备的加工稳定性，预测加工过程的异常风险。边缘计算实际上是物联网领域的视角，对于自动化公司，所有的计算都在设备内部，都是边缘计算，一般称为"嵌入式系统"。

### 3. 时序数据整理与语义建模

物联网数据是随时间变化的时序数据，原始数据跟传感器的采集点位对应，应用起来并不直观，需要转化为物理含义更明确、使用起来更直观的形式，这就是时序数据建模。数据建模是重新组织数据的过程，就像写文章。原始的数据像是独立的单词，把相关的词组合成句子，能表达明确的含义，再将句子以一定的逻辑结构组成段落和文章。

图 3-6 展示了时序数据处理与语义建模的一般过程，原始的物联网数据经过逐层转化，物理含义越来越直观，语义越来越清晰。

第 1 层是物理对象模型。按照实体的物理设备组织数据，建立物理对象模型，实现数据与硬件的解耦分离。一般用面向对象的建模方法，将设备输入数据、输出数据与加工状态数据封装在一起，便于访问。

第 2 层是上下文场景模型。根据业务场景，结合对象所处

---

⊖ MQTT 是一种基于发布或订阅模式的轻量级物联网消息传输协议。

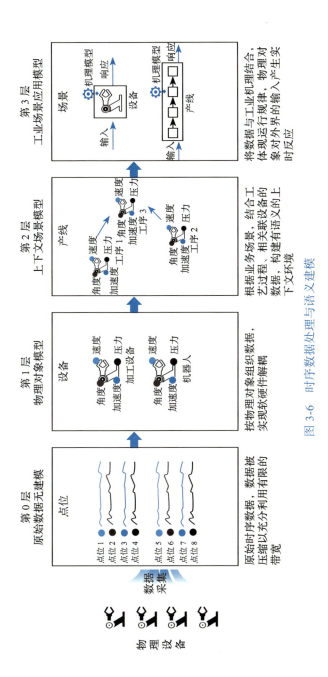

图 3-6　时序数据处理与语义建模

的环境,将相关的数据以一定的逻辑组织。在工厂生产制造过程中,这一步与工艺流程密切相关,一般用流程图建模,数据流与物料流建立直观的对应关系。

第3层是工业场景应用模型。将设备和工艺嵌入工业场景,并结合专家经验、工业机理和数据模型,形成完整的应用,体现实际的运行规律。物理对象对外界的输入产生实时反应,就像真实的"活"模型。

### 4. 时序数据分析与压缩存储

时序数据的数据量大,计算时效性要求高,往往需要特殊的分析方法和计算方法。可以充分利用物联网传感器数据之间的关联性和时序相关性,设计时序数据独特的计算、分析和存储技术。一些 IoT 平台已经提供成熟的通用性时序数据计算、存储技术。

(1)时序数据特征提取　时序数据要看整条曲线才有意义。例如,加热过程要用温升曲线来表征,曲线中一个时刻的温度并不能说明问题。大量的工艺需要几条曲线来表征。例如,焊接过程需要电流、电压曲线,伺服驱动过程需要转速、转矩曲线。这些随时间变化的时序曲线难以直接计算,通过提取每组时序数据的特征值,把一条曲线转化为几个特征值,就能运用常规的分析方法,如相关性分析,并能跟其他结构化数据综合分析。

时序数据的特征提取常用的方法是以固定时间进行截断分组,周期性地计算一段时序数据的统计特征,如每小时的平均值、最大值、最小值等。分组的周期非常讲究,要跟对象变化的速度匹配,对于变化速度非常快的信号,如振动信号,还要加特殊的窗函数对信号进行滤波,以减少频谱混叠带来的统计特征失真。

这些信号处理的函数，在 IoT 平台中被称为算子，是在查询时序数据的时候由时序数据库直接返回进行汇聚函数计算的结果。

（2）时序数据库　机器设备和生产过程的数据量非常大，常规的结构化数据库占用存储空间非常多。时序数据库（Time Series Database，TSDB）是专门针对物联网的时序数据设计的。时序数据库利用了数据的时间相关性，在几乎不损失精度的前提下高效地压缩和存储，比常规的关系数据库成百倍、千百倍地减少存储空间。实际生产的物理化学过程是有惯性的，时序数据往往是缓慢连续变化的，很多真实采集到的数据会在一个很小的范围内波动。时序数据库只针对变化的数据进行增量或差异存储，可以用很少的数据代替原始的时序数据，如图 3-7 所示。

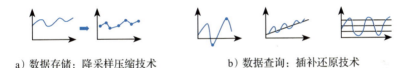

a）数据存储：降采样压缩技术　　　b）数据查询：插补还原技术

图 3-7　时序数据库的压缩存储和恢复技术

（3）实时计算引擎　我们需要合理地设计数据流和基础架构，图 3-8 展示了云、边、端协同的架构。对时效性要求高的场景，可以在靠近设备处部署边缘端服务器，对原始数据就近快速计算。

除了常见的统计分析、聚合计算的批处理，可以只对增量的时序数据进行增量计算。流式计算最接近时序数据产生的自然规律，以前只能将流式数据攒成一批集中批量处理，不然无法进行大规模的计算。流式计算引擎，可以大规模、灵活、自然和低成本地进行增量计算。

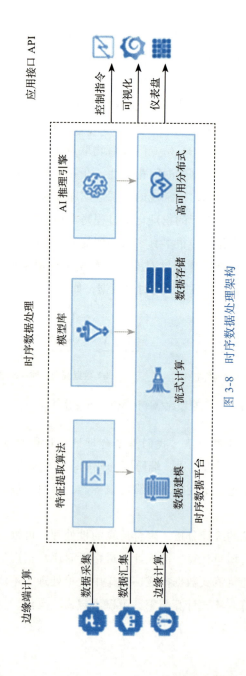

图 3-8 时序数据处理架构

### 5. 工业物联网的场景和价值

物联网的技术前景非常广阔，然而其商业前景却很复杂。物联网概念的边界比较宽泛，造成了商业应用和业务价值模糊。很多公司采集的物联网数据缺乏应用场景，只是做了可视化大屏用来展示"万物互联"，而没有跟工业业务的主线融合。

实际上，工业物联网改变了传统工业中被动的信息收集方式。不仅是产出产品的品质，工业生产过程中人、机、料、法、环每一个环节的数据，都可以被自动、准确、及时地收集。企业可以更精细地感知市场的瞬息万变，大幅提高制造效率、改善产品质量、降低产品成本和资源消耗。

（1）环保监测与能耗管理　能耗优化是比较通用的应用场景，技术方案相对比较成熟。通过实时监控楼宇、厂房和设备的能源消耗，基于数据分析能精确发现能耗优化的机会点。结合设备状态、生产工单的数据，可以最大限度地减少不必要的能源消耗。

在化工、轻工、火电厂等企业，利用物联网实时监测企业排污、环境风险。环保设备与工业生产过程融合，可以优化污染治理策略。

（2）设备监控与故障预警　很多企业的生产高度依赖自动化的设备，设备保障就非常重要。精益管理鼓励全员生产维修（Total Productive Maintenance，TPM），提高设备利用率。

基于物联网可以自动获得设备数据，对设备进行更精细的管理和预测性维护。利用物联网对全公司的生产设备进行统一监控，跟踪每个设备的使用情况，能更有效地进行机器故障诊断、预测，快速、精确地定位故障原因，提高维护效率，降低维护成本。

（3）工艺优化与质量控制　工业物联网的泛在感知特性提高了生产线过程检测、实时参数采集、材料消耗监测的能力和水平。

图 3-9 以锂电池的制程工艺为例，对比了两种工艺控制方法的差异，基于物联网的自适应工艺能让同样的硬件发挥出更高的工艺水平。常规制造工艺是基于统计抽样，针对批次控制的工艺过程。基于物联网获取的实时数据，可以针对具体的过程数据实施个性化的控制，快速发现每一个具体的异常，并及时调整或补偿。

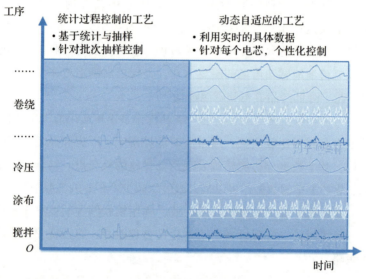

图 3-9 锂电池的制程工艺

## 3.1.2 工业互联网：打通数据孤岛

在过去的 20 年里，工业企业实施了很多信息化系统，如客户管理的 CRM、采购管理的 SCM（供应链管理）、生产管理的 MES、仓储物流的 WMS（仓储管理系统）。每套系统为相应的业务管理提供了工具，支撑了标准化管理流程优化的落地。

尽管数字化与信息化都离不开软件系统和数据的交互，但是两者的目标存在本质区别。信息化的对象是生产关系，重点在于提升人员管理的效率；而数字化的对象是生产力，关注点是业务的效果和价值实现。数字化反映了企业在竞争压力加剧下的现实需求，为了应对更复杂的竞争环境，企业必须打破业务边界，在更大范围内优化资源，挖掘潜力。因此，单一业务功能的信息化系统逐步走向互联与集成。工业互联网由此成为"系统的系统"。

数字化为企业提供了一种新的价值成长模式。陈春花教授总结道：在数字时代，连接比拥有更重要，天下资源为我所用；数字世界让现实世界更紧密，产业链上下游实现价值共生；企业的生存时间和空间被高度压缩，必须聚焦当下，注重快速反馈与快速迭代⊖。

### 1. 企业内部集成

企业内的系统互联可以实现价值链的端到端集成，保证流程从一个端头（点）到另外一个端头（点）中间是连贯畅通的，不会出现局部流程、片段流程，没有断点。

不同价值链上的流程，表现出不同的端到端集成，也具有不同的生命周期。产品研发的端到端集成是实现从潜在需要到生产的产品研发过程。生产制造的端到端集成是实现订单到交付的全流程打通，涉及企业内部运营系统的集成，包括全部对接。客户下单的事件可以自动触发后续流程，直至最终交付。

端到端集成看起来很复杂，但是基本逻辑上跟你在餐厅点餐是一样的。你用手机在餐桌上自助选菜下单，后厨根据订单炒菜。不同的顾客可能点了同一个菜，他们的订单会被合并起来一起制作，这相当于工厂的排产优化。在你等菜的过程中，能随时看到制作进度，预估上菜时间。有的餐厅甚至承诺"限时上菜，

---

⊖ 陈春花. 价值共生：数字化时代的组织管理 [M]. 北京：人民邮电出版社，2021.

超时免单"，这在没有数字化的传统餐厅很难实现。随着互联网深入餐饮，现在餐厅的端到端集成已经很深入了，尤其是随着近几年餐饮外卖的发展，效率和客户体验都大大提高。

### 2. 产业链集成

横向集成、纵向集成与端对端的集成，最初主要集中在企业内部。正如第1章所述，任何系统都有扩张其边界的趋势，企业为了增强竞争力，会不断扩张其获取资源的边界。企业内部的供应链管理，升级为企业间的协同供应链管理；企业内部的价值流程再造，升级为企业间的价值网络重构；企业内部的集成产品开发体系，转向企业间的研发开放式创新网络。相应地，数字化系统的集成，也从内部集成转向产业链上下游集成。

端到端的集成，也可以从企业的边界扩展到产业链上下游，不仅集成供应商，还连接二级供应商，甚至三级供应商。整合程度越深，优化空间和价值越明显，但是投入也越大。产业链的整合与集成，难点往往是非技术的因素。一般由产业链上实力最强的企业牵头，依赖其长期积累的产业链管控能力。

企业数字化转型过程中，自身在工厂内积累的技术逐渐往工厂外拓展，形成对外的平台和服务。比较成熟的两个领域是供应链金融和工业电子商务。

GE（美国通用电气公司）和西门子具有强大的供应链管理能力，结合工业互联网技术和融资租赁的商业模式，对其他工业企业提供供应链金融服务。工业互联网将工业巨头强大的供应链管理能力向外延展。

把传统的B2B交易放到互联网上，基于算法撮合，降低工业品的销售成本。阿里巴巴、海智在线的C2M（消费者对生产者）/C2B（消费者对企业）模式，本质上是工业电子商务。这种模式的启动并不简单，大型工业集团可以从满足自己需要切入，通过强制性手段把采购业务转移到平台上，从而形成垄断地位。

## 3.2 提升智能之路：AI 算法和工业大脑

AlphaGo 引爆了民众对人工智能的热情。深度学习在视觉图像、声音处理上的技术突破，推荐算法在消费互联网上的成功应用，让人们相信工业领域同样可以取得类似的成功。将这些智能算法与工业场景结合，形成了智能设备、智能生产线、工厂大脑、企业大脑等。

管理信息化系统基于清晰的管理流程设计，而数字化为了应对动态的业务，需要对管理活动进行更细颗粒度的拆解，由实际数据动态组合各管理活动，形成对外界自适应动态调节的管理流程。抽象来看，企业管理活动可以分为三层：现场管理、运营管理和经营管理，如图 3-10 所示。每一层由数据反馈、制定计划和管理决策构成自主运作的闭环管理系统，不同层通过计划分解和指标汇总形成大的管理闭环，服务于企业经营的整体战略。

### 3.2.1 计划排程与资源调度

计划和资源调度是企业管理的一条主轴线，协同经营管理、运营管理和现场管理中的各项活动，以全局的视角对企业资源和管理流程进行优化。

#### 1. 计划排程的分层架构

计划排程和生产调度属于企业运营管理，基于算法模型可以对生产资源进行动态的全局优化。计划排程在信息化系统中一般被称作高级计划与排程（Advanced Planning and Scheduling，

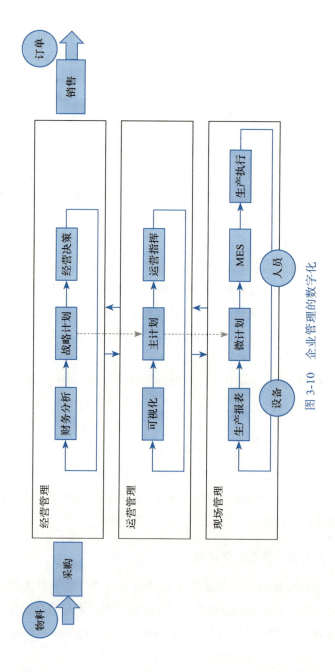

图 3-10 企业管理的数字化

APS）系统。在数字化的背景下，APS 的广度和深度都大大拓展。计划的数字化，关键是要对业务进行抽象提炼，建立业务的模型，明确优化的目标函数。一般来说，计划排程是将生产资源与生产需求匹配，并从生产资源和时间两个维度寻求最佳的计划方案，如图 3-11 所示。

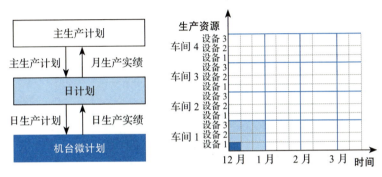

图 3-11　分层级结构的计划排程

从时间尺度上，可以将计划分为主计划、日计划和微计划。主计划一般按月安排到车间，是宏观调控，以应对长周期的不确定性，如设备准备、长周期采购等；日计划会安排每天的机台任务，一般关注上料和下仓；而微计划关注中间各工序的衔接。

### 2. 从经验规则到运筹优化

APS 的关键是提炼人工的经验，将人工排产的逻辑转化为算法模型，如图 3-12 所示。对于复杂制造业，并不能简单提炼人工排产的逻辑，甚至不同人的排产逻辑会互相冲突。这就需要回归业务本质，提炼计划排程的最基本约束，对业务进行数学建模。一旦将业务问题转化为数学问题，就可以用强大的数学求解器来求解。对于数学规划问题，有很多成熟的高性能求解器，如 Gurobi、CPLEX，许多商业 APS 软件也用作内置的优化引擎。

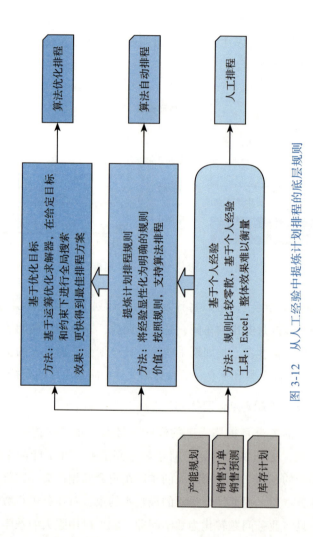

图 3-12 从人工经验中提炼计划排程的底层规则

### 3. 运筹优化引擎

运筹优化提供了一套成熟的框架来梳理业务规则，如图 3-13 所示。其中，图 3-13a 展示了资源约束下的优化原理。有限的生产资源通过不同组合方式形成决策空间。生产计划受生产资源和工艺能力等硬性约束的限制，这些硬性约束是必须满足的，构成了决策空间的边界。在边界之内，还存在一些软性约束，指的是可以在一定范围内调整或放宽的条件。图 3-13a 中的深蓝色区域表示在满足所有硬性约束的情况下，生产计划的可行选项。不同的选项对应不同的成本和交付，图 3-13a 中的等高线则代表了与成本和交付相关的目标函数值。

整个过程的核心是将业务问题转化为数学问题，如图 3-13b 所示。通过梳理约束条件和目标函数，建立了计划排程的数学模型，就能用专业的数学求解器自动寻求最优方案。

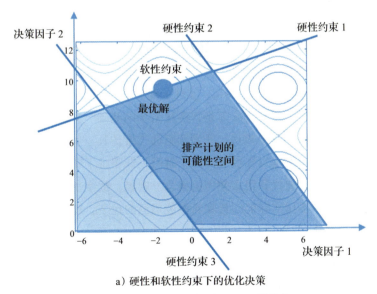

a）硬性和软性约束下的优化决策

图 3-13 硬性和软性约束下的运筹优化

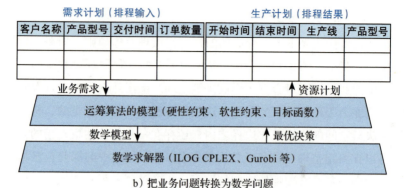

b）把业务问题转换为数学问题

图 3-13　硬性和软性约束下的运筹优化（续）

## 3.2.2　实时模拟的数字孪生

数字孪生是数字化转型最热门的话题之一，其间有很多概念包装，也有深刻的洞察。

2017 年，Gartner 技术成熟度曲线中出现数字孪生，引起广泛关注。2018 年，数字孪生处于顶峰，并在 2022 年由于元宇宙的概念再次被关注。

数字孪生即 Digital Twin，实现了现实物理系统向数字赛博空间的虚拟映射，普遍被认为是智能化系统的基础。大量企业投入上百万元做数字孪生项目，开发细腻的三维仿真、生产模型、设备双向控制。但是当你想更深入了解时，却很难了解数字孪生的真正技术，只能找到很多兜售的概念。曾经，数字孪生的讨论中充斥了很多不切实际的幻想和新瓶装旧酒的包装，现在逐渐回归价值和理性。

**1. 数字孪生的核心洞见**

建模与仿真的技术是数字孪生底层的核心技术。其实，建模仿真技术由来已久，是常规的研发手段，所有的产品设计早已离不开它。

计算机辅助设计（Computer Aided Design，CAD）源于20世纪50年代，计算机辅助制造（Computer Aided Manufacturing，CAM）始于1969年，而计算机辅助工艺设计（Computer Aided Process Planning，CAPP）源于20世纪60年代。

模拟仿真由来已久，在工业领域被大量使用，但是由于技术复杂、成本较高、使用门槛高，主要限于研发与设计。大规模仿真的建模和计算成本很高，长久以来建模的核心矛盾是平衡计算资源和模型逼真度。

数字孪生提供了简单易用的低成本仿真能力，现在建模仿真的成本大幅下降，云计算技术降低仿真成本，新的知识共享模式降低建模成本，使得仿真建模可以用于生产制造。我认为数字孪生的核心洞见，是将以前只能用于研发的高端仿真，用于生产制造环节，如图3-14所示。低成本甚至实时仿真，会对设备、工艺等业务的做法带来很大的创新和想象空间。

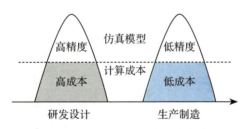

图 3-14　从研发走向生产的数字孪生

### 2. 数字孪生的核心价值

实时仿真系统让设备具有了想象的能力，而联想与想象是人类最高级的智能。数字孪生的核心价值不是逼真的模拟，而是让机器可以自由联想，进而靠预测降低了数字化的成本。它革命性的力量，不是展示出来的三维模拟，而是在无影无形（减少不必要的计算消耗）中的预测。

大脑如何实现低功耗智能？通过预测机制！大脑持续地模拟，构建感知到的每个事物，决定你如何行动。大脑预测产生的视觉，远超眼睛输入。图 3-15 展示了与视觉有关的神经回路，来自大脑的神经回路远远大于来自眼睛输入的视觉神经回路。大脑的神经回路通过预测产生的视觉信息，是眼睛输入产生信息的 9 倍。人所看到的，更多是想象力虚构的感知，而不是眼睛的客观观察。很多人是因为看见而相信，只有很少一部分人是因为相信而看见。同样，企业的数字化并不是大规模的数据采集，而是构建企业的大脑。

图 3-15　预测机制实现低功耗的智能

数字孪生让机器自由想象，用模式压缩数据，用模拟减少采集，用计算换取存储。基于数字孪生技术，聚焦对外部环境不确定性的模拟预测，能够大幅度降低数字化的成本。

有了数字孪生，机器开始可以想象了！人具备想象能力之后，才真正脱离了动物，机器的自主联想，会让未来的机器完全不同。现在数字孪生的实现技术还比较原始，基于研发的仿真技术重新封装包装。我相信随着数字化的推进，必将产生数字化机器时代原生的数字孪生技术。

### 3. 数字孪生的副作用

"人类是会讲故事的动物",想象力让人脱离了动物。我们嘲笑那些缺乏想象力的人鼠目寸光,标榜自己志向高远。但是,想象力也有副作用,人类的想象让人整天胡思乱想,常常陷入深度焦虑和恐惧。

发展数字孪生的时候,要预见这些潜在的副作用,时刻聚拢在价值增值的聚光灯之下。不解决问题的数字孪生,是数字化的心理疾病。

## 3.2.3 数据分析的算法

数据要被分析和使用,才能产生价值。根据数据分析的目的和要解决的问题,分析数据的方法一般包括:

- 描述性分析(Descriptive Analytics):对历史数据进行汇总统计,以便理解当前的业务表现。
- 诊断性分析(Diagnostic Analytics):通过数据理解当前问题的原因,以解释为什么会出现特定的情况或趋势,例如对问题的根因分析。
- 预测性分析(Predictive Analytics):使用历史数据和机器学习模型,来预测未来的趋势和行为模式。例如:设备预测性维护和健康度管理。
- 决策性分析(Prescriptive Analytics)或者规范性分析:不仅单方面预测未来情况,还根据数据形成下一步行动的决策,以利用预测结果优化潜在的结果。

图 3-16 从数据和问题两个维度对比了这些分析方法。描述性分析和诊断性分析是基于历史数据的分析和解释,需要更多的人机交互分析;预测性分析和决策性分析是应用掌握的规律或者数据模型,对未来进行预测和自动处理。这些分析类型可以单独使

用,也可以组合使用,以提供更全面的数据洞察。在工业数字化领域,结合这些分析方法可以帮助企业优化运营,提高效率,并做出更明智的决策。

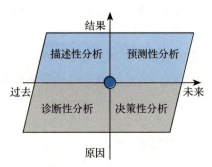

图 3-16　数据分析的类别

目前使用最广泛的是统计数据分析,虽然其数学基础已经有两百多年的历史,但是随着精益生产和六西马格的普及,统计数据深入生产运营和质量管理领域。

随着数据量的增加和计算机的应用,具体的数据分析方法也越来越复杂和完善,逐渐诞生了随时间变化的动态数据的分析方法,如:

- 周期数据分析(1880—1930 年)。
- 频域数据分析(1900—1950 年)。
- 时域数据分析(1960—2000 年)。

进入大数据时代,对多变量、高维度数据,出现多种多样的分析方法,如:

- 量化模型分析(1990 年至今)。
- 大数据分析(2010 年至今)。
- 自动建模与因果推断(2018 年至今)。

这些数据分析方法比较专业,对数学要求较高。在 ChatGPT

问世之后，人们便能通过自然语言直接与数据交互。数据分析引擎与 ChatGPT 的结合使得数据分析的门槛降低，业务专家与算法专家之间的鸿沟也逐渐模糊。

## 3.3 自动控制之路：自动驾驶和无人工厂

数字化的第三条道路很像升级版的自动控制。20 世纪，电气化和自动化推动了第二次和第三次工业革命。经过几十年的发展，自动化由于能明显地提高效率、减少人员，得到普遍的接受。随着数字技术和智能技术的发展，自动化企业积极引入 IT 技术和 AI 技术。但是很多来自互联网的人，并不认为自动化属于数字化或智能化，而是将其归类为狭义的 OT（运营技术），或者更具体地称其为 AT（自动化技术）。

随着 IT 和 OT 的深度融合，工业领域知识的重要性越来越突出，自动化的地位日益重要。自动化的企业由于既熟悉业务场景，也了解数字化技术，因此它们以"工业人"自居。

另外，自动化的企业悄然进行软件化的转型，通过收购互联网科技公司，快速弥补自动化企业在工业软件、互联网、人工智能技术上的短板。传统的工业自动化企业也逐步转型升级。

- 2007 年，西门子以 35 亿美元收购 UGS，开启了西门子工业软件十几年的并购，斥资超过百亿美元并购了 UGS、LMS、CD-Adapco、Camstar、Mentor 等诸多工业软件，同时逐步剥离非核心的硬件业务，西门子不知不觉已成为世界前十大软件供应商[⊖]。

---

⊖ 更详细的西门子工业软件并购历史，参阅：https://www.jiqizhixin.com/articles/2020-01-17-5。

- 2017年,贝加莱(B&R)是机械与工厂自动化领域提供基于产品和软件的开放式解决方案的全球最大独立供应商。
- 施耐德电气先后并购了 Invensys、Aveva,还控股了电气设计软件公司 IGE+XAO。
- 罗克韦尔自动化也投资 10 亿美元参股 PTC,共同推进工业物联网应用。

工业软件在非常活跃的并购与整合中,也逐渐吸收了互联网的基因,走向云端和边缘端;软件的付费方式转向订阅模式;工业软件的架构走向组件化、微服务化;软件的开发平台走向开放与开源。

### 3.3.1 工业机器人

传统机器人只是模拟了人的单一动作,随着感知能力的提升,机器人越来越"灵活"。

波士顿动力公司赢得了大量的惊叹和关注,随着产品的进化(见图3-17),机器人导航能力、突破障碍能力、保持平衡能力、目标识别能力以及自我恢复能力都在不断提升。随着机器人越来越智能,它们能自主应对更复杂的场景和环境。

通用的机器人,需要针对工艺和场景进行复杂的定制与集成,才能满足工业场景的需求。机器人的集成商专注细分行业,针对特定场景定制化开发。

在数字化赋能下,机器人集成出现通用化的趋势。同时,针对场景和应用的编程更加方便,简单示教后,机器人就能"学会"老师傅的技能。

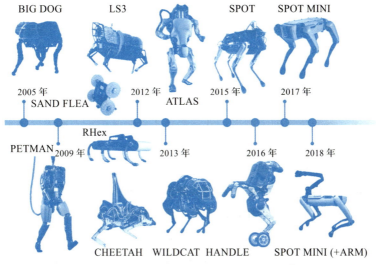

图 3-17 波士顿动力公司的机器人进化○

## 3.3.2 智能设备

针对工厂具体的工艺,需要定制化设计特定的工装、夹具,形成非标设备。将老师傅的经验转化为工艺过程,编写 PLC 程序,能代替产线工人。

然而非标设备灵活性不足,尤其是换型换线的时候,仍然需要人工介入。在数字化技术赋能下,非标设备可以根据摄像头检测的来料,自动从远程数据库读取相关的配方,自主升级参数,甚至远程更新底层控制器的程序。

在数字化的技术赋能下,工业设备从单一功能的自动化,发展为集成、多功能、综合一体化的系统。在原有的控制系统之

---

○ 引自 https://medium.com/syncedreview/boston-dynamics-robodog-opens-a-door-owns-the-internet-cded79fae992。

上,可以增加一个高层控制器,基于场景调整设备的底层控制逻辑。当发生异常的时候,自我调整,甚至能一定程度上"自愈"。

### 3.3.3 人机融合

科幻电影引领人们思考人与机器的关系,比如外置铠甲的钢铁侠,内注金属的金刚狼。外骨骼技术就是其中一个例子,源于人类对自身能力外延的梦想。

外骨骼机器人最早用于军事,随后进入医疗康复领域助残、助老。2018年后,外骨骼机器人逐渐拓展到工业领域,满足工业领域对人机协同柔性作业的需求,典型的场景是物流搬运、汽车厂的整车装配等。

工业外骨骼并不是为人们提供超强的力量,而是超强的耐力。比如,肩部助力外骨骼可以极大地缓解肩部的疲劳问题,腰腹助力的外骨骼给人们提供腰部的助力以及保护。

#### 1. 整车装配

汽车底盘的装配线上,工人要将电钻机举过头顶。一个拧螺钉的员工每天大概需要做500次以上这种简单但是有一定强度的重复劳动,很容易患上腰肌劳损。Ekso Bionics仿生公司的EksoVest不需要动力,已经被福特公司使用。其他很多公司也有外骨骼的类似应用,如本田、丰田、大众、洛克希德马丁、华晨宝马。

#### 2. 物流搬运

外骨骼在仓储、物流和服务业等多个领域也有应用。

"饿了么"探索未来的外卖配送方式,试点上海傲鲨智能科技有限公司的身背外骨骼,外卖骑手"背着50kg的东西就像背着一台笔记本电脑,可以轻松行走"。

京东、苏宁等电商巨头也尝试在物流的搬运分拣方面用外骨骼机器人,以应对"双11"活动的巨量快递需求。这不仅能提高物流员工的工作效率,更能减少高频率弯腰、起身搬货对人体腰椎的损伤。专注大件快递的德邦快递研发出了腰部助理的外骨骼机器人和"爬楼机",帮快递小哥"减负"。

### 3.3.4 流程自动化

基于流程的管理方式正逐渐转变,从固定的流程转向数据驱动的管理模式。在信息化的早期,工作流引擎实现办公的自动化,主要追求效率提升。现在,数字化的系统需要更高效地自主决策,提升决策效果。

这可以由 Python 等脚本语言,像黏合剂一样将多种数据源、分析逻辑连接在一起,自动分析处理。有一些自动信息流的平台,如 Zapier、Airflow,近年发展最快的是机器人流程自动化(Robot Process Automation,RPA),能由数据自动触发执行逻辑的功能,被形象地称为数据机器人。RPA 首先在财务领域取得广泛应用,因为财务的业务逻辑比较规范。应用 RPA 不仅能实现财务制度的审查,还能基于大数据进行监管,进一步促进业务和财务深度融合。

目前,RPA 技术正深入企业管理,改变传统的管理模式,从固定的工作流,转变为动态的数据驱动的管理。在工厂等领域,RPA 与工业自动化进一步融合,将业务逻辑进行深度的抽象、归纳和提炼。

RPA 技术可以追溯到软件的自动化测试。2000—2010 年,互联网蓬勃发展的时候,需要自动化测试的技术保证软件质量。现在很多 RPA 技术底层,都是类似软件自动化测试的技术。

### 3.3.5 无人工厂

自动化的关注点逐渐从具体的设备，扩大到整条产线，甚至整个工厂，在各场景实现各状态的全面自动化。在封闭场景，隔离不确定性的扰动，可以将自动化从产线扩大到整个工厂，称为无人工厂或黑灯工厂。

#### 1. 柔性设备

自动化的产线，虽然正常生产的效率很高，但是更换型号麻烦。一旦需求变化，就要重新采购柔性的设备，即使是修改一个配方、工艺参数变化后，也可能需要手工调教参数，这会花费数个小时。

目前 C2M 的生产模式还比较初步，支持简单定制，比如颜色、刻字等。随着数字化的深入，柔性产线的重点是有更强的适应性，不仅保证正常生产的效率，在换型、换线、故障容错等方面有更全面的自动化。

#### 2. 新场景

随着自动化设备的感知能力和控制水平的发展，在实践中出现了很多新的应用场景。

- 在建筑工地，有搬砖机器人、数字化工地。
- 在矿场，有无人驾驶的矿卡，在软件驱动下把矿场变成工厂。

还有一些有趣的领域，如机器人绘制的油画甚至产生了新的艺术形态。

## 3.4 数字化与工业化如何融合

工业生产是大量具体而实际的活动，推动工业数字化转型，必须说清价值回报:数字化有什么价值?生产过程最重要的指标是成本、交期、质量,数字化能贡献多少?

数据本身没有价值,数据的价值来自对实体生产过程的优化和改进。本节讨论虚体的数字与实际的生产如何互动融合。在互动的过程,数字化如何产生具体而实在的价值。

## 3.4.1 数字化重新定义制造

工业时代,为了规模化大生产而追求标准化——标准的硬件、软件,标准的管理流程。整齐划一的工业化带来两个弊端:

- 缺乏个性化,并非最优。
- 缺乏灵活性,面对异常非常脆弱。

基于实时数据流和算法自动的决策,数字化能提高工业系统的个性化和灵活性,仍然保持规模化的效率优势,产生大规模定制的商业模式。

随着软件、算法等数字化技术越来越多,硬件逐渐被软件重新定义,传统的经营管理也被数字化重构。以数字化为代表的新技术,可以创新地整合设计、制造与服务,寻求数字化的机会和业务重构的路径,推动形成数据驱动的竞争优势。

### 1. 数字化的工厂

工厂的业务活动一般包括两层:

- 生产活动:这是价值生产的一线,实际生产过程包括人、机、料、法、环等。操作工人被视作实体生产的一个组成部分。
- 管理活动:对实际生产活动的计划、组织、指挥、协调、控制。管理中的白领工人,被视为工厂的大脑和灵魂。

传统的工业企业以人为中心,MES、ERP 等 IT 系统服务于人,只是为了提高人的效率,如图 3-18 所示。作为企业核心竞争力的工业知识,由人来积累和集成。一线的蓝领工人积累现场操作的经验技巧,管理人员承载组织管理的窍门,白领和专家掌握着核心的工业技术。

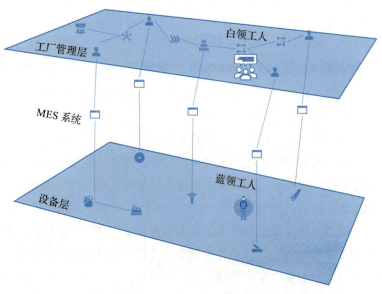

图 3-18　人工管理的传统工厂

数字化在人和设备之间构建了一个全新的第三空间,即数字空间。专家的经验被提炼、沉淀为可被传播和复制的经验和知识,由软件承载,如图 3-19 所示。简单而机械的思考被数字空间的软件取代,人被解放出来处理更重要的难题。同样的硬件,经过数字化的控制软件,运行方式已经完全被重新定义。

在数字空间里自动运行的软件,将离散的制造单元连接起来,通过数据流虚拟地连接在一起,形成类似流程制造实现全局优化,其生产效率得到本质的提升。数字化让我们能像控制设备一样"控制"企业，工厂作为一个整体的大设备，好处是其闭环调节能力提高了灵活性，能自主处理生产过程中的异常，甚至与外部市场和供应链联动，动态消除外部不确定性的影响。

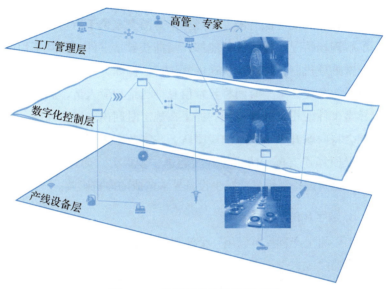

图 3-19 数据驱动的数字化工厂

## 2. 数字化的智能设备

自动化设备虽然安装了大量传感器来采集数据，但作为自动控制系统的一部分，这些数据通常仅用于实时控制，并未进行存储。如今，设备能够采集和存储更多数据。例如，当发生故障时，设备会自动保存故障前后一段时间的数据快照，方便技术人员还原故障现场，类似飞机失事时的黑匣子。

传统设备的通信量较少，只传输维持设备基本功能所需的必要数据，通信协议通常采用厂商的私有协议。而工业互联网则采用开放的通信协议，将设备控制网络与通信互联网连接起来，在设备基本功能的基础之上扩展了大量附加服务，从而显著提高了设备利用率。

数字化还能够加速故障维修和异常处理的过程。传统设备在出现故障停机和异常问题时，通常依赖现场人员进行处理，但他们的知识和技能可能有限，而经验丰富的专家位于后台，难以全面了解现场情况。智能设备能够自动捕获异常事件，并基于预设的异常处理机制，使设备快速恢复运行。例如，当设备发生异常停机后，系统会第一时间将异常信息推送给相应人员，并自动收集异常事件的相关数据快照。如果在规定时间内未解决问题，系统就会将问题升级至快速响应团队，并将数据快照传送给后台专家，以便远程支援，防止异常问题进一步扩大。通过这一机制，有助于提高设备利用率，减少设备异常造成的停机影响。

### 3. 数字化的智能生产线

工厂的生产过程可以用一个流程图表示，以图 3-20 为例，若干设备通过工艺过程前后连接成一个图。即使设备的自动化程度很高，为了防止生产过程发生意外，仍然需要大量的人工。

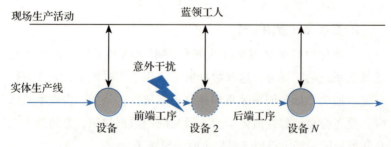

图 3-20　工厂生产过程流程图

数字化的智能生产线是在人与设备之间增加一层软件，如图 3-21 所示。生产线能够自主感知状态的异常，并预制异常自动纠偏控制程序，抑制产线上意外的干扰。

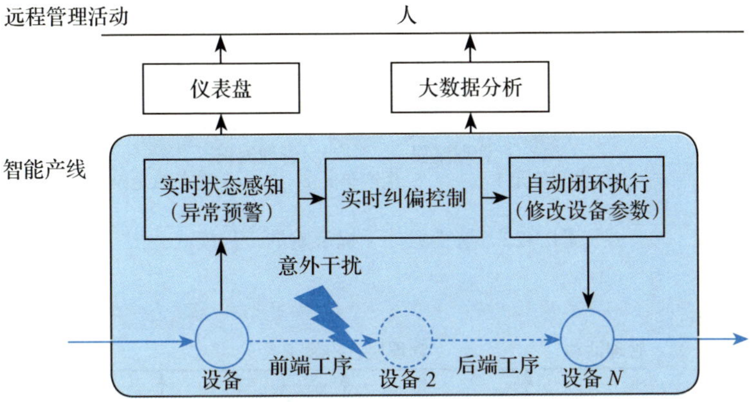

图 3-21 数字化的智能生产线

数字化的智能生产线并不是软件换人，而是由软件尽快响应紧急的异常，而疑难杂症可以升级到后台由更专业的人员深入分析。

**4. 数字化的智能工厂**

工厂可以表示为若干相互连接的生产单元，如图 3-22 所示。生产单元可以是生产线、加工中心、加工岛等，具体取决于各企业的工艺设计和生产组织方式。各生产单元顺畅衔接，形成管理流程。如果一切运行正常，管理活动不需要过多的人为干预。然而，生产过程中总会出现各种意外的情况，需要人工处理。这些难以纳入标准流程的"异常"对交付、成本、质量有着重要影响。

初级的数字化工厂如图 3-23 所示，由看板、报表等信息化系统组成，方便信息快速而全面地获取，关键的决策仍然需要人，最终由流程驱动人工的管理，构成闭环调节。

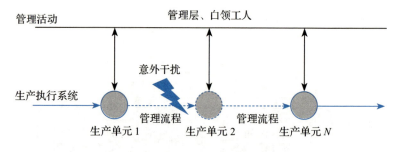

图 3-22　易受意外干扰影响的工厂模式

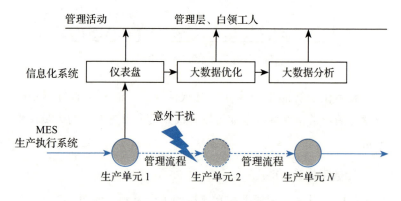

图 3-23　初级的数字化工厂

在高级的数字化工厂中,数据可以自动驱动决策,并主动干预生产过程。如图 3-24 所示,实体的工厂之上加了一层自动闭环的数据流,自动抑制该闭环回路中的意外干扰。自动闭环的数字化系统提高了生产线的灵活性和生产效率。

数字化的智能工厂仍然离不开人和管理,但是管理变得更加简单、透明。数字化系统重塑了工厂的行动,以经营的视角呈现出管理的指标,凸显出差距,并提供高层次的管理接口。

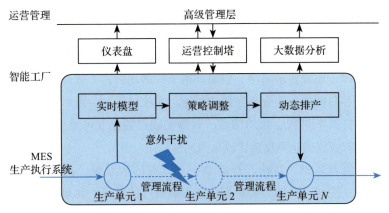

图 3-24 高级的数字化工厂

## 3.4.2 以数字化的方式推进数字化转型

数字化转型的过程也需要以数字化的方式进行。不是追求正确，而是追求成长性，自省而及时反馈，开放而终身迭代。对于数字化转型，可能很难一开始看得很清楚，做好蓝图规划，然后一张蓝图干到底。任何数字化方案都需要内含成长型动力和学习的基因。

数字化转型不是一蹴而就的，在推进过程中必然遇到很多实际的问题，需要团队及时自省，以开放的心态分享经验和教训，对方案动态调整，持续迭代。以数字化的方式去做数字化，才能做出有生命力的转型。企业也是一个生命，数字化转型是企业生命再造的过程。

推进数字化转型，需要一支强有力的敏捷团队。给他们足够的授权和充分的信任，让他们能够快速自主决策，并且自身具有超强的执行能力。推动数字化的团队，就像机床的母机器，是数字化文化的孵化器。

## 3.5 系统集成的探索

数据之路、算法之路、自动化之路都抓住了智能的一个关键特征,比较容易启动。但是,由于片面地强调了智能的一个维度,容易低估在工业界实践的困难。实施之后,价值可能低于预期,打击了对数字化的信心。具体实践过的企业可能比较悲观,而没有实践的企业反而比较乐观。

沿着数据、算法、行动某一个方向的数字化,就像偏科的学生,任何一个环节的短板都会影响最终的效果。如果实体的业务不被数字化改变,如果不能改变企业实际生产过程,影响价值流,看起来再"智能"的数字化,也是没有价值的。

有效的数字化要以业务价值为纽带,将数据、算法和行动综合起来全面发展,形成完整的闭环,这样才能产生数据驱动的业务变革。

### 3.5.1 产业标准

数字化内在的复杂性和不确定性,让很多企业犹豫。工业界追求确定性,大家希望能找到一个权威的蓝图规划,然而数字化对所有企业都是一个新的课题。每个企业的起点不同,转型的路径就会不同。只有深入分析自身的竞争力,才能找到适合自己的数字化之路。

#### 1. 国家规划

各国都从各自竞争优势出发,对工业数字化做了国家战略布局。

美国在 2012 年提出"国家制造创新网络计划",相继发布《确保美国先进制造业的领先地位》《获取先进制造业国内竞争优势》

《加快美国先进制造业发展》报告，以促进美国的再工业化及工业互联网的发展。美国强调工业互联网平台发挥其传统信息产业优势，进一步提升面向终端用户的体系性服务能力，主要关注智能化体系服务能力及顾客价值创造。

德国于2013年在汉诺威工业博览会上提出"工业4.0"，随后在《保障德国制造业的未来——关于实施工业4.0战略的建议》报告中提出，将"工业4.0"正式上升为国家战略，发挥其传统的装备设计和制造优势，进一步提升产品市场竞争力和配套价值，主要关注智能化生产制造能力。面对德国制造的优势逐步消减的困境，德国于2019年发布《国家工业战略2030》，明确提出在某些领域德国需要拥有旗舰企业，设定具体的增长目标，确保重新夺回工业领先地位。

日本在2013年提出"日本再兴战略"；在2015年发布《2015年制造业白皮书》，将人工智能和机器人领域作为重点发展方向；在2019年发布了《制造业白皮书》，指出在生产第一线的数字化方面，中小企业与大企业相比有落后倾向，应充分利用人工智能的发展成果，加快技术传承和节省劳动力。

中国在2015年发布《中国制造2025》，提出从制造大国成为制造强国的国家战略，提升产品质量和品牌价值。2018年，中国提出"互联网+"战略，并逐渐演化为现在的数字化战略。

## 2. 国际标准与产业联盟

20世纪90年代，计算机开始向制造业的信息和控制系统渗透。国际标准化组织制定了很多标准，以通用的术语和模型规范信息系统的功能边界及其信息流。MESA（Manufacturing Execution System Association，制造执行系统协会）侧重于业务流程，而ISA（Instrument Society of America，美国仪器学会）侧重于信息架构，当前工业制造系统主体上遵循以 ISA-95 为代表的体系架构。

信息化系统有效地将客户订单转化为生产系统的操作指令。随着市场竞争的不确定性加剧，信息化的标准体系难以胜任数字化对更智能、更敏捷、更协同、更灵活的发展要求。各标准化组织也在积极更新或制定新的标准，2014 年 IEC/SMB（国际电工委员会标准化管理局）成立了 SG8 工业 4.0 战略工作组，开展智能制造标准体系研究。德国制定了《德国工业 4.0 标准化路线图（第三版）》。中国于 2017 年发布信息化和工业化融合管理体系系列标准，后续发布《国家智能制造标准体系建设指南》2018 版和 2021 版，全面搭建智能制造的标准体系。

领先的企业发起产业界的工业互联网联盟，如 2014 年，GE、IBM（国际商业机器公司）、Intel（英特尔）、AT&T（美国电话电报公司）和 Cisco（思科系统公司）联合发起工业互联网联盟（Industrial Internet Consortium，IIC），发布了《工业互联网参考体系结构》，形成由企业、研究人员和公共机构组成的生态系统，以推动工业互联网的应用。

### 3.5.2　蓝图规划

大家刚开始探索数字化的时候，会请有经验的咨询公司或供应商制定蓝图，所以很多企业的数字化蓝图规划看起来很像。蓝图的最底层是资源要素（设备、人员），最顶层是领导关注的业务指标，中间是信息系统，基于场景包括若干系统模块。然而千篇一律的蓝图，缺乏对业务的深度洞察和根本变革，很难落地执行。

信息化建设积累成熟的方法论：从蓝图规划开始，逐步细化、分项实施。这套方法对数字化转型有点捉襟见肘，似乎太僵硬，灵活性不足。数字化涉及很多仍在快速发展的新技术，还要探索新的业务模式变革。

技术和业务具有内生的不确定性，表 3-1 对比了传统的蓝图规划和数字化的敏捷实践。工业数字化还在探索和发展过程中，蓝图规划要有适应的弹性。

表 3-1 传统的蓝图规划和数字化的敏捷实践对比

| 对比项 | 传统的蓝图规划 | 数字化的敏捷实践 |
| --- | --- | --- |
| 特征 | 技术与业务分离<br>不懂业务，无法拆解目标 | 技术与业务融合<br>深刻理解业务，系统性深度融合 |
| 推进方式 | 先规划，再实施<br>线性模式 | 在时间中不断优化<br>敏捷模式 |
| 瓶颈 | 瓶颈在于规划 | 瓶颈在于快速验证与迭代 |
| 关注点 | 规划是否正确 | 迭代效率是否高 |

数字化本质上是技术驱动的业务创新，具有天然的复杂性，在实践中很难一开始就清晰地规划数字化的蓝图。比较有效的办法是在理解数字化的基本逻辑下，尝试将现有业务进行简化和调整，并在做的过程中及时提炼和快速迭代。与其做一个完美的数字化规划，不如设计一个迭代、更新的反馈机制。追求一张蓝图干到底，很可能难以达成预期的效果。

### 3.5.3 软件架构

前面介绍的几种数字化实践，其技术和系统的架构往往是金字塔结构，类似图 3-25 所示架构。虽然多了很多"大数据"，开发了很多人工智能算法，安装了很多大屏幕的运营控制室，但只不过是个很"现代化"的集中作战指挥室、集中指挥中心，在根本上仍然是一个超级的 SCADA（数据采集与监视控制）。

各种"智能"的产线大脑、工厂大脑、企业大脑，仅仅是数据在不同视角的汇总呈现。数据流的方向，在数字化系统中基本上是单向、层层往上汇总的，并不独立形成决策，而决策流是层层往下传达的。仅在设备端有自动控制系统，自主决策和闭环控制，这常常被视作传统工业自动化的领域，在数字化的实践中没有人工智能、大屏可视化那么吸引眼球。

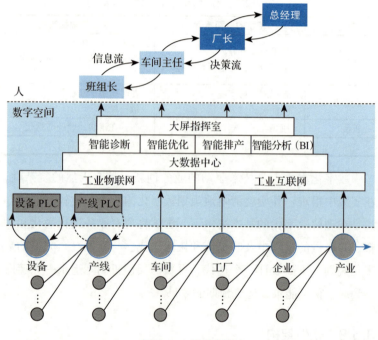

图 3-25　系统架构

如果数字化不能形成决策，其价值就非常有限。而能由数据自主驱动生产，才是数字化真正的变革力量所在，这相当于产线具备了独立自主的智能。这就像人开始有了大脑，智能有了独立的载体（表现为软件），可以逐渐迭代和进化，从简单的决策起步，逐渐发展成为较高的智能。

麦肯锡在 2018 年发布了对系统架构变化趋势的研究报告，如图 3-26 所示。图 3-26 中的左侧是遵循 ISA-95 的经典架构，设备层、监控层、运营管理层、企业经营层的功能和边界非常清晰。数字化的系统架构如图 3-26 中的右半部分，横向分层架构转变为纵向集成的架构，软件系统的层级边界逐渐模糊，围绕业务领域和价值链，实现端到端的集成与优化。

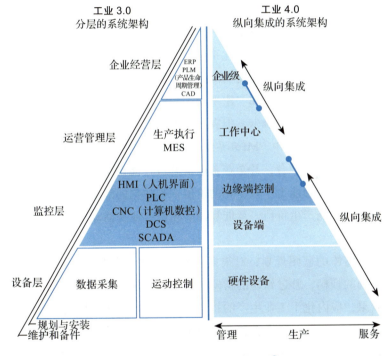

图 3-26　软件系统的架构转变⊖

---

⊖ 出自 McKinsey 的研究报告 "Leveraging industrial software stack advancement for digital transformation"。

## 3.6 本章小结

沿着"智能"的某个维度，数字化转型通常有三条常规路径：增强感知之路、提升智能之路、自动控制之路。每条路径都有一整套蓝图规划，并设有分阶段的路标。大家对实施过程中的系统、平台、模型似乎都很熟悉。然而，普遍的困惑是：许多数字化项目实施后，为什么难以感受到对业务的实际效果呢？

数字化离不开数据平台、智能算法和软件系统，但供应商提供的仅是数字化拼图中的一环。我们根据数字化的完整蓝图规划，按图索骥实施的数字化系统，实际上只是实现业务转型的工具和手段，而我们真正需要的是业务能力的提升。千万不能舍本逐末，把"上系统"和"建平台"当作数字化的全部。软件系统就像我们购买的健身卡，但有多少人购买了健身卡却不去健身房呢？仅仅购买 ERP、MES 系统，并不一定能提升管理水平；仅仅搭建物联网平台，甚至花费巨资升级智能设备，也未必能直接提升设备管理能力。数字化的价值依赖数据的流动。系统必须投入使用才能产生价值，智能算法必须嵌入业务活动中才能发挥其作用。

整体的蓝图规划，对很多企业可能过于庞大，且未必适用。正确的模糊，胜过错误的精确。数字化不是展示给别人看的炫酷效果，应内化于工业生产的每个环节，体现出实际价值。要做到这一点，需要一套全新整合的视角，能将割裂的各个数字化技术模块以最适合的方式集成，真正提升解决业务问题的能力。

# 第 4 章
# 工业数字化转型的系统整合之路

单一的智能元素价值有限,单一强调一个方面,导致很多数字化转型的成功率不高。当前的数字化技术需要与其他各种生产要素深层次、系统性融合。数字化转型必须把技术放在企业经营的全价值链中,形成全新的系统性思路。

本章首先探讨数字化创造价值的可能性。数字化的价值在于复杂、动态的不确定性决策。在成熟技术和稳定的市场中,数字化很难体现出明显的价值。在生产要素和生产关系都很稳定的成熟业务中,追求标准化和规模化是最有价值的。其次,本章讨论数字化创造价值的可行性,提出系统性的整合之路。后工业时代最大的挑战是复杂性、动态性,只有以系统的整体视角拥抱复杂,从不确定性中获益,才能实现有价值的数字化,在社会价值网络的变化、发展和动荡变迁中,实现跃迁、进化和转型。

## 4.1 打破束缚，变革业务

虽然数字化转型引起全民关注，但很多人感觉很遥远。客气一点的人，说自己看不懂；不客气的人，就怀疑数字化没有价值。企业要特别警惕陷入"数字化的游戏"中而忘记了商业的本质——为客户创造价值。

数字化看起来是新技术，但是单纯的数字化技术并不能创造价值。数据本身并没有价值，只有将数据转化为决策，驱动和改变实际的生产过程或管理活动，数字化才能创造新价值。数字化的价值只能通过实体业务的优化创新获得。比如，从二维的CAD升级为三维的CAD，甚至建筑信息模型（Building Information Modeling，BIM）⊖，不仅提升了无纸化和信息化水平，还大幅度提高了设计效率，降低了设计与生产中的偏差。

数字化转型，首先需要考察业务是否可能有变化。业务变革的可能性空间决定了数字化转型的空间。业务空间拓展的可能性是数据产生价值的前提条件。业务产生变化的可能性空间越大，数字化的价值也越大。如果业务非常简单，只有唯一的选择，或者行业非常成熟，已经足够优化，那么数字化程度再高也无法产生价值。

数字空间的信息流无法直接观察，但是能对实际的业务产生实实在在的影响。数字化就像风，我们虽然看不见风，但是看到树叶飘动，就能确信风的存在。我们看到工厂的管理方式发生了变化，就能确信数字化的价值。数字化的信息流是双向闭环的。数字化的价值不是单相的可视化报表，而是数据直接控制工业的实体业务。

---

⊖ BIM是建筑学、工程学及土木工程的新工具，是以三维图形为主、物件导向、与建筑学有关的电脑辅助设计。

## 4.1.1 为什么数字化转型效率不高

很多数字化的项目并没有达到预期的目标。麦肯锡的调查研究表明,数字化转型的成功率不超过30%,而在传统工业领域甚至不超过11%[⊖]。福布斯2016年的调查显示,大型公司84%的数字化转型项目是失败的,中小型公司超过80%的项目很难获得相应的回报。

只把数字化看作一种新技术,会大大低估数字化的价值。好的技术如果不能与业务融合,很难产生降本增效的效果。数字化的前提是生产要素能被拆解和重构。如果业务比较简单,或者在成熟的行业中,业务已经非常标准化,能改变的可能性较少,那么数字化的价值就会较小。而复杂多变的业务由于信息量大、复杂度高、动态变化快,数字化的价值则比较明显。业务场景越复杂,数字化的价值越大。让业务具有充足的新可能,是数字化转型成功的必要条件。

## 4.1.2 技术创新如何创造商业价值

数字化通过技术驱动创新,创造商业价值。技术创新打破了限制业务的边界,拓展了新的可能性空间,带来新价值组合的可能性。这是数字化转型的必要前提条件。

任何一个企业的生产资源都是稀缺的,如技术、资本、人员、设备都是有限的,其创造价值的潜力受限于所有稀缺资源决定的生产可能性边界。对新技术的投资拓展了企业业务的可能性边界,如图4-1所示。新技术的创新打破了部分稀缺资源的前提,拓展了生产可能性边界,将PPF(生产可能性边界)外移意味着

---

⊖ 这里的成功指性能得到改进,并形成持续稳定的能力。参考麦肯锡的报告"Unlocking success in digital transformations"。

一个经济体增加了其生产所有商品的能力。

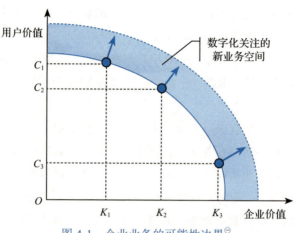

图 4-1　企业业务的可能性边界[一]

数字化技术不是一个具体的技术，而是一类通用技术，是作为工具箱存在的技术库。它通过对原有技术的重新组合，来更好地满足原有的需求和目标。

数字化能产生的价值受限于业务变革的可能性大小。业务变革空间的拓展能力，反映了企业的想象力和创新能力。数字化产生的价值取决于数据和算法对实体业务的改变，无论是满足了新的用户需求而创造了新市场，还是改善了内部流程优化和生产过程带来降本、增效、提质。如果不能与业务深度融合，再"高大上"的数字化也无法赢得工业人内心的认可。

数字化转型，特别关注 PPF 拓展后新增的业务空间。新增的业务空间如果对用户价值贡献更大，就会形成新的产品销售或商业模式；如果对企业价值贡献更大，就会形成内部管理变革或生

---

[一] https://www.economicsonline.co.uk/Competitive_markets/Economic_growth.html.

产模式创新。而在原有可能性边界之内的改善措施，由传统精益生产、运营优化来达成。

### 1. 拓展业务的可能性空间

一个新技术对不同业务的影响可能是不同的，导致可能性空间的拓展是不对称的。例如，适用于一个产业的技术改进，可能并不适用于另一个产业，如食品生产的技术改进，可能并不适用于电动汽车。

数字化的技术最先在商品流通贸易中体现了价值，在线购物、社交网络已经深刻影响了我们这代人的生活。但是，由于工业领域的生产要素多、产品复杂，因此要发生改变的惯性比较大，受数字化影响较迟缓。现在，在消费互联网上成功应用的很多数字化技术，正在往工业领域迁移，必将深刻地影响工业领域的业务模式。图 4-2 展示了技术创新的不对称影响。

新的技术拓展了供给的可能性，新的市场拓展了业务的可能性。只有实际业务的可能性空间扩大的时候，数字化才有明显的价值。数字化的价值是在多种可能性中快速择优。数字化最终的价值是来自业务的优化。

当业务的可选方案比较少，有时候甚至是唯一的选项时，可能并没有必要进行数字化，因为智能或者不智能，并不会影响实际业务的运行。

### 2. 获取相对竞争优势

在成熟的行业，企业经过长期的竞争，不同企业的业务、管理水平都会优化到相似的最优状态，每个企业在各自的细分市场精细化运营，很难形成差异性的竞争优势。一个企业在其他行业发现了新的技术，并率先引入自己的企业，如图 4-3 中的 $Y$，就能突破既有技术边界，挑战行业的共识，从而获得相对优势的竞

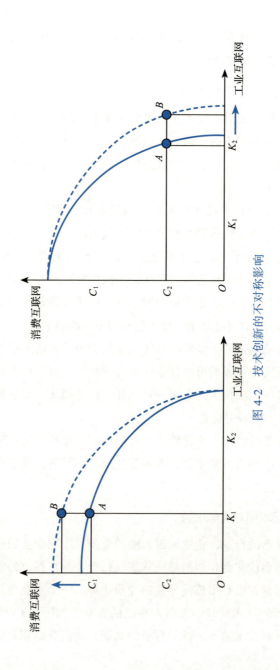

图 4-2 技术创新的不对称影响

争力。

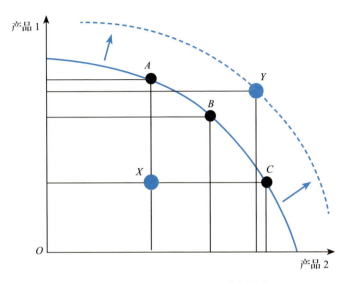

图 4-3 技术创新拓展企业的竞争结构

数字化技术在消费互联网已经充分展示了其价值，虽然每个工业领域都有独特的行业壁垒，但是率先引入数字化并拓展其业务可能性边界的企业，能在更开阔的疆域提升竞争能力。当越来越多的企业逐渐被新技术影响时，技术的改变就可能引发社会结构的演化，如图 2-7 所示。这会逼迫那些不愿意做数字化转型的企业，不得不在市场竞争的压力下被动地进行数字化转型。

### 3. 抓住动态变化的新机会

数字化技术使工业企业提高业务的敏捷和影响速度，带来动态过程的新机会。但是要抓住动态的机会并不容易，要稳定地捕获动态机会，就需要更先进的控制手段。依靠数字化技术，可以在保持稳定的前提下，实现有效的新组合。精准的、更动态的、更强大的、更快速的控制能力，是数字化方案成功落地的保障。

早期的飞机基于液压机械舵，操控性比较差，人类飞行员无法操作军用飞机迅速做出反应。20世纪70年代后，飞机开始支持数字化的操控方式，基于电传操纵，反应速度大幅提高。由计算机控制的电传操纵比人更精确、更快速，可以在毫秒之内对变化做出反应，甚至可以纠正飞行员的不佳决定。

可以从军用飞机的电传控制升级，思考工业领域数字化模式。这样的模式，也适应于企业管理。工业企业追求效率，在持续优化过程中会形成稳定的流程和规范。然而，一个内部太稳定的系统，面临外部不确定扰动时，反而更脆弱、更不稳定。这类似我们骑自行车的一种体验：与两轮自行车相比，有三个轮子的自行车本身更稳定，但反常识的是，两轮自行车更容易保持平衡和稳定。正是因为三轮自行车的内部非常稳定，当骑行在颠簸的路面时，无法快速调整重心和姿态。三轮车内部太稳定了，反而限制了它在运动中动态调节的可能性，成了避障的障碍。

工业中存在很多专门的领域，有些业务非常成熟、稳定，人工智能很难比最好的专家更好。在成熟稳定的路况下，新手是不可能赢过老司机的。一名老司机凭借自己的经验，比各种自动驾驶要强得多。机会出现在动态的、陌生的新环境。当老司机遇到新问题时，也是从头摸索，老专家遇到新问题，也是一头雾水。

适合数字化的机会，来自动态变化的场景。比起物质世界中原子的移动速度，数字空间里比特的移动速度要快得多，才能以快制慢。为了应对市场的快速波动，或者消除生产过程中的质量异常，需要更复杂的决策。数字化能在高度复杂的选择空间中快速形成决策，并在执行过程中动态调整。

同时，数字化能以更快的速度迭代。要适应快速的变化，需要以更快的速度迭代和收敛。无论是产品还是生产线，在设计的时候都要充分优化。但是，所有的优化都是有前提和假设的，实际运行时条件往往会有偏差，导致优化点开始失效。数字化使得我们可以在运行的过程中，根据实时运行的数据，动态优化和调整。从静态优化到实时的动态调整，从一次性完成优化设计到动态优化迭代。这个优化是没有止境的，数字化提供了业务优化的无限潜力。

工业领域需要高度专业的知识，可能一开始的数字化效果并不显著，但是数字空间能以很低的成本进行快速迭代，在试错过程中及时修正，快速地收敛到最优的技术组合。

## 4.1.3　业务创新与边界拓展

数字化技术创新突破原有生产要素的边界，使得业务得以拓展，如图4-4所示。根据企业自身的特点和竞争的优势，一般会沿着两个方向扩展。

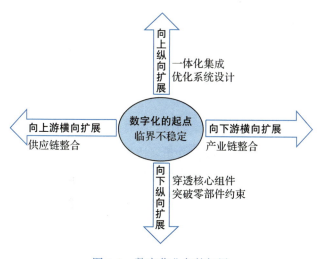

图 4-4　数字化业务的拓展

- 横向扩展，创新业务模式。数字化的新技术，支撑了业务横向拓展，业务升维，可以在更大范围内获取优势资源，提高整体生产效率，如沿着供应链上下游整合，形成供应链金融。
- 纵向扩展，集成创新，优化系统设计，或者往内深化，突破核心组件的约束，重构基本技术元素。

向外扩张边界与向内分化功能，这两者结合起来，是一种分形的结构，具有更深层的原因[○]。在自然界常见的分层和分形结构，实际上是在资源受限的条件下的最有用的结构，可以最有效地利用物质、能量、和信息等有限资源维持生存。从工业的整个生态看，在横向上拓展生产关系，内部管理平台化[○]，外部资源共享，提高了社会总体的生产效率；在纵深方向，逐层细化分解生产要素的颗粒度，提高了企业的多样性，增加了重新排列组合的可能性。

具体的演化路径与企业位态和产品形态有关，取决于生产要素的瓶颈。如果生产能力不足，本该自制的工序就会转为外协生产；如果生产过程复杂，协作成本高，很多外部采购的零部件会改为自主生产；如果产品结构复杂，就自主研发零部件，便于集成一体化优化产品设计。

### 1. 横向扩展：业务整合的模式创新

在广度上升维，不断向外拓展边界，以便在更大范围内获取优势资源。其表现为生产关系的拓展，供应链更纵深，用户更多样。如果商业的生产关系没有改变，现有业务的可能性空间没有

---

○ 实际上，任何系统，无论是可见的物质，还是抽象的社会，都沿着这两个方向发展和进化。进一步的哲学探讨参阅王东岳著的《物演通论》。
○ 进一步阅读可参考忻榕、陈威如、侯正宇著的《平台化管理》。

改变，就很难感受到数字化的价值。传统单向的上下游供应链，被拓展到二维的商业价值网络，再进一步发展为多行业融合的大型生态系统。

重资产的工业企业逐步变成轻资产状态。设计研发、采购、制造、供应链、销售全部自主的紧耦合企业，逐渐借助产业链整合，形成松耦合的能力结构。单纯的产品买卖逐渐服务化，内部的内力或者半成品以企业服务的形式对外提供。

业务的挑战使得组织不得不拓展生产资源，在更大的范围内获取资源。拓展边界的方式是要对生产要素做新的可能性组合，而数字化是实现这种拓展的一个有效的方式。数字化可以有效地拓展技术的边界，整合更多的资源，缓解业务竞争的生存压力。

但是反过来，如果你做了数字化，并不一定会导致生产关系的变化。只是如果生产关系没有相应的变化，数字化的效果就不是很明显，因为数字化的效果最终体现在生产资源的新组合上。如果不进行企业内部的组织变革，数字化的阻力和成本就会很大。不是说做数字化就必然导致内部组织和外部生产关系的变化，但是相适应的组织变革和生产关系的变化使得数字化转型比较顺畅，过渡平滑，转型成本低，从最小作用力原理的角度来说，是最佳路径。

数字化转型的重点并不是"数字化"，而在"转型"。关键不是作为生产力的技术，而是生产关系或业务模式。没有上下游生产关系的变革，数字化的技术似乎就在空转。如果还是以原来的产品，满足原来的客户，往往无法看到数字化带来的业绩和价值。

可以从技术和经济的互动过程，来分析技术经济互动的网络效应。

如果商业价值网络不发生结构性的变化，企业就没有必要进行转型。如果商业环境比较稳定，那么企业经过一定时间的摸索、迭代，总会收敛到比较优化的运行方式。我工作过的三一重工股份有限公司，在工程机械行业深耕了三十年，他们的生产管理经过多年的人工管理优化，已经非常稳定了。这时候直接切换一套新的管理理念，或者信息化的系统，首先感受到的往往是效率的下降。

如果外部商业环境相对稳定，多年在市场竞争中幸存的企业，一般已经收敛到了比较稳定和优化的运营方式了。但是，如果商业环境发生较大的变化，在这个动态的过程中，"智能"的数字化技术可以帮助企业快速找到新的优化的点。

数字化转型的过程，是在巨大的可能性空间中寻优的过程。

### 2. 纵向扩展：深度集成的技术创新

在纵深上细分，内部功能持续分化，通过分工协作更优化地利用已有资源。基本生产要素的颗粒度越来越细。过去基于部件整体采购，只需做好集成，现在必须深入研发核心部件，从零件组织生产。随着复杂度增加，固定的层级组织需要相应变化，并非转向扁平化，而是根据需要随时重组动态层级组织。

技术的纵深分化，颗粒会越来越细，表现为：

1）如果企业技术实力较强，越来越多的组件技术就会被自己掌握，采购的零部件变成自主研发。

2）基础研究和底层技术需要较大的投入，企业不可能无限地深入，只需要比竞争对手领先一小步即可。

纵深分化也表现在组织上。职能被分解为多个角色，一个人同时可以承担多个角色。细分的角色形成更动态复杂的组织。企业的分化如图4-5所示。

这个原理应用于管理上，就是人力资源的数字化。根据业务挑战的程度，及时感知现有组织结构的低效环节，及时进行调整，以增加组织的能效。

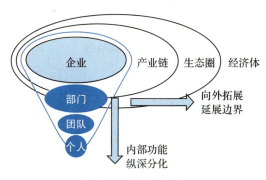

图 4-5　企业的分化

适应数字化的组织架构绝不是一个标准模式。我们看到其他企业的成功，就学习这些成功企业，照搬他们的组织架构，例如学习阿里、华为、Google（谷歌），或京瓷的阿米巴模式，是行不通的。正如每个人都是有个性的，数字化时代的企业组织架构也各不相同。未来的组织是多元化的，必须与企业的生存挑战相匹配，不断优化与发展，最大限度发挥企业擅长的竞争优势。

### 3. 案例：风电的智能化

企业沿着广度拓展和深度细分的发展，必然影响参与其中的个人。图 4-6 是我在风电产品研发中所参与的领域变化。

2010 年前后，国内风力发电机组主要使用进口零部件。我们开始自主研发变频器，这是风机的核心零部件之一。2012 年，风电市场竞争激烈，我们自主研发的变频器不仅在成本上有明显优势，而且在设计、运营和交付各环节都更具可控性。此时，各风机厂家纷纷启动变频器的自主研发，但我们继续深入研发风机的核心控制器，随后推出智能风机。当市场上智能风机普及时，我们又开始研发激光雷达，自主研发核心传感器。当时我们凭着感觉不自觉地深入零部件内部，现在回过头来总结，就是始终提前一步做好准备，从内部主动创新，提高外部适应性和竞争力。

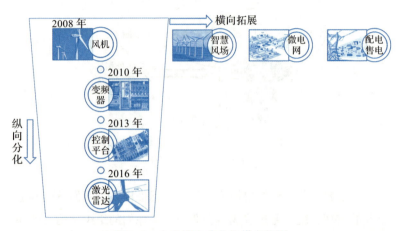

图 4-6　企业纵向分化和横向拓展

不仅产品研发这样演化，很多业务场景都有类似的趋势。比如风机设备的运维保养服务，依靠智慧风场的管理系统，实现少人值守。风机的销售也越来越前置，在风场设计甚至风资源勘探阶段就提前介入，不仅销售风机的产品，还站在客户角度进行全生命周期的资产优化。

在横向和纵向演化的过程中，企业要针对自身的优势和市场的变化，寻找适合自己的战略定位，以恰到好处的速度和节奏推进数字化。每往前推进一层，就能在产品设计或者商业模式上产生巨大的创新机会，但同时技术的难度也会骤然增加，而技术和人才的储备需要一个缓慢的过程。推进数字化，需要在技术和人才上提前布局，才能在市场竞争发展到需求明确的时候，临危不乱。看清楚数字化变革和业务演化趋势，笃定地对技术和人才提前布局。

## 4.2 基于控制论的系统整合方法

在实践中,数字化创造价值的关键在于对实际业务的优化。这一点很容易被忽略,许多人错误地将数字化视为一项单纯的技术升级,而不是一种能够深刻影响业务模式和运营效率的战略工具。正如前一节所讨论的,数字化产生价值的前提是业务必须探索新的可能性,而本节将重点讨论如何通过整合各种数字化技术来实现业务优化的目标。

尽管人工智能的理论和数字技术的软件都在快速发展,但对于工业领域的专家来说,完全理解这些技术的细节和潜力很难。因此,要使数字化技术对工业系统产生实际的影响,不仅需要部署一系列的软件和技术,更需要采取系统性的方法来确保这些技术能够真正改变工业的研发和生产过程。

本节提出的整合数字化新道路强调基于控制论的分析方法,通过分析数字化的闭环回路,使用优化问题的结构来寻找实现业务优化目标的最小成本最优路径。这种方法要求企业不仅要关注单个技术或解决方案的部署,还要考虑如何将这些技术有效地融合到现有的业务流程中,以及如何调整这些流程以最大限度地利用数字化带来的优势。

通过这种系统性的方法,企业可以确保数字化转型不仅是技术上的进步,还是业务模式和运营效率的根本改进。这要求企业领导者具备跨学科的视角,既理解技术的潜力,也深谙业务的需求,从而在数字化时代中引领企业走向成功。

### 4.2.1 数字化转型的常规道路

完整的智能需要感知、认知、行动的共同协同。一个人能做到三个环节的均衡发展,就是知行合一,而数字化要三个维度协同与均衡，才能产生实际的业务价值。

这三个必要的模块就像凳子的三条腿，如图4-7所示。类似彼得·圣吉在《第五项修炼》中强调的系统思维，这三条腿必须一样高才能支撑起稳定的凳面。感知、优化、执行必须协调发展，才是有效的数字化。

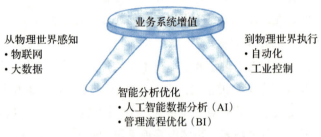

图 4-7　数字化技术的协同发展

随着业务的发展，凳面的业务系统会加重，就需要同步加强三条智能的腿柱子，维持业务的平稳。每个企业基于自身的经验、技能、实例和项目的机会，从最擅长的某一方面切入，形成数字化转型的三条道路。

- 第一条道路，是以数据为中心，借助最新的传感器和通信技术，解决数据的易获取性、可供性。
- 第二条道路，围绕智能化的算法、软件而展开。如今人工智能技术快速发展，智能算法是非常容易吸引眼球、引起关注的。
- 第三条道路，是以自动化控制为中心的数字化，传统的工业自动化企业一般从这个角度切入，强调决策的自动执行。还有一类软件自动化，强调企业管理流程的自动化执行，如软件机器人（RPA）等。

任何一条单一的道路推进数字化都很吃力。IT背景的团队容易从流程优化和信息化系统入手,但总是难以深入设备和工艺的核心,无法与业务深度融合。而工业背景的团队虽然容易招聘一些 IT 人才,却发现这些人不懂工业,与真实的业务非常疏远。虽然硬件型企业通过收购软件企业或组建软件开发团队开发了很多软件,但这些软件很难用,硬件的操作习惯难以被人接受。

### 4.2.2 数字化的系统整合方法

系统之路是数字化的第四条道路。整合的数字化就像是演奏交响乐,各种智能和谐相处,就像五彩斑斓的光谱。本节先回顾人脑的智能理论,然后类比到工厂,提出数字化的控制论集成框架。

#### 1. 简单整合:感知 – 响应模型

将智能的基本模块整合在一起,最简单的方式是感知 – 响应模型。对感知做出响应,就是生命最根本的特征。动物、植物等一切生命都具有对外界环节的感知,并基于刺激做出反应的能力。巴普洛夫设计了狗进食的摇铃实验,建立了经典条件反射理论,如图 4-8 所示。

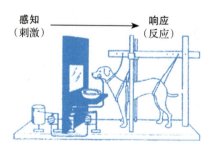

图 4-8 巴普洛夫的经典实验:经典条件反射理论

虽然条件反射的感知、响应在形式上很简单,但却是最基本的智能形态。信息构成了完整的闭环，能有效帮助生命体适应环境的不确定性。将感知－响应模型拓展到人，形成了行为主义心理学，认为人类的复杂行为也可以被分解为感知和响应两部分。

### 2. 深度思考：感知－思考－响应模型

人为了在更复杂的条件下生存，进化出了更复杂的反应模式——感知－思考－响应模型，如图4-9所示。

图4-9　感知－思考－响应模型

在刺激和反应之间插入了思考作为停顿，创造了选择的自由空间。停下来想一想，这是不是陷阱？有没有更好的选项？这让人更聪明，更智能。但是思考也降低了行动的速度。

丹尼尔·卡尼曼揭示了人脑存在两套速度不同的思考系统，如图4-10所示。系统一是直觉和本能反应，是快速而自动化的推理，通常在推理过程中包含了强烈的情感联系。这是生物在进化过程中形成的，关注紧急的威胁、快速决策、即刻执行，维系个体的安全生存。系统二则比较缓慢，受制于有意识的判断和态度，关注长周期优化和深度思考，在反思改进、持续迭代中学习成长。

这可以推广到任何的智能系统。比如，工业企业具有不同速度的决策机制，现场管理需要快速反应，强调遵循流程，而战略决策需要深度思考，打破常规。

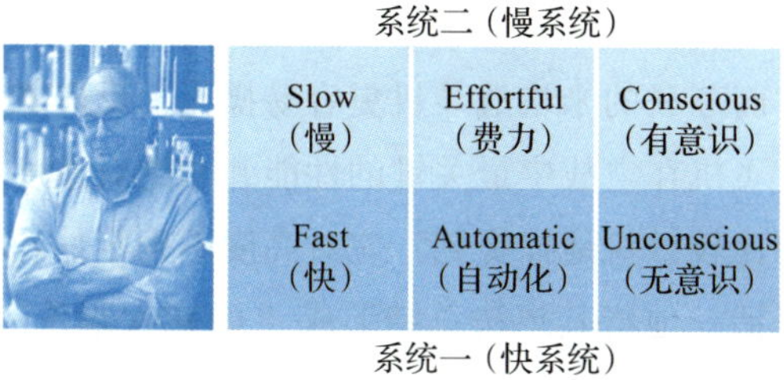
系统二（慢系统）
Slow（慢）
Effortful（费力）
Conscious（有意识）
Fast（快）
Automatic（自动化）
Unconscious（无意识）
系统一（快系统）

图 4-10　丹尼尔·卡尼曼提出的大脑双系统理论

### 3. 敏捷灵活：OODA 模型

将“感知 – 思考 – 响应模型”再拆解，其中的“思考”往往分为两个阶段。

- 发散分析：从数据形成概念、特征，以简化分析。从数据中检测异常，使企业有限的注意力聚焦在真正的问题上，或者发散拓展，创新寻找新方案。
- 收敛决策：通过各种分析形成决策，减少问题的可能性空间，要收敛。

扩展之后就是“感知 – 发散分析 – 收敛决策 – 响应”，这类似军事战略理论中的 OODA 模型。OODA 是美国空军上校约翰·柏伊德（John Boyd）提出的决策方法，由感知（Observe）、定位（Orient）、决策（Decide）、行动（Act）四部分组成一个循环，也称为柏伊德循环，如图 4-11 所示。

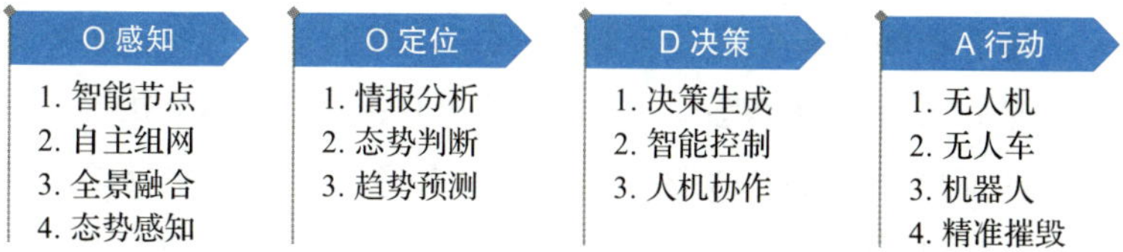
O 感知
1. 智能节点
2. 自主组网
3. 全景融合
4. 态势感知
O 定位
1. 情报分析
2. 态势判断
3. 趋势预测
D 决策
1. 决策生成
2. 智能控制
3. 人机协作
A 行动
1. 无人机
2. 无人车
3. 机器人
4. 精准摧毁

图 4-11　军事战略理论中应对不确定性的 OODA 模型

OODA 来自美国空军对朝鲜战争经验的总结。美国空军过于注重速度，而苏联的米格战斗机更容易操作，反应能力更强。柏伊德认为，飞机在空战中最关键的性能并非绝对速度，而是敏捷度。柏伊德比较敏锐地捕捉到：应对高度不确定性环境，需要更敏捷、更灵活。他将其想法总结形成"OODA 理论"，进而发展为军事战略。

这跟数字化转型要提高应对不确定性的柔性能力是类似的，所以 OODA 逐渐被拓展到商业领域。借鉴军事战略的 OODA 模型，图 4-12 所示为数字化整合的框架：实时的感知将实体生产变换到数字化空间；定位就相当于对比分析、趋势预测，检测出生产的异常和管理的偏差，并生成补偿纠偏的策略，即决策；行动环节就是工业自动控制，将数字化空间的决策，反变换到实体空间，改善实体的生产活动。

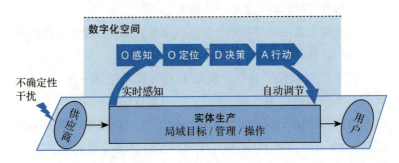

图 4-12　将 OODA 模型用于工业企业

基于对 OODA 的进一步阐述，《三体智能》一书将工业智能总结为 16 个字：状态感知、实时分析、自主决策、精准执行。图 4-13 详细描述了 OODA 这四个模块在智能工厂的应用场景，基于泛在感知和智能决策，智能工厂能更灵活地适应复杂不确定的生产需求。

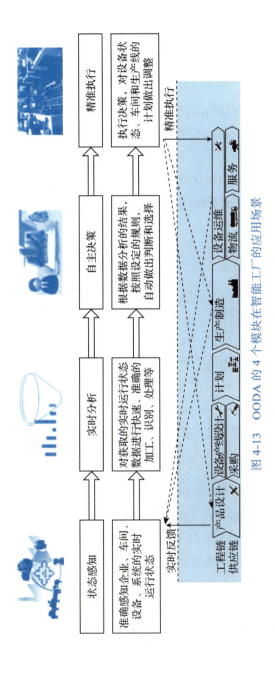

图 4-13 OODA 的 4 个模块在智能工厂的应用场景

### 4.2.3 工业数字化的系统集成框架

数字化没有一成不变的标准,而是持续进化和发展。从感知–响应模型,到大脑双系统理论,再到 OODA 模型,是数字化和智能化不断深化的过程。

什么才是真正的数字化?这并没有标准的答案。每个企业都在一定程度上使用了数字化的技术,只是深度、广度和智能的程度有所差异。用数字化程度作为度量,思路就开阔很多。图 4-14 展示了不同数字化程度的集成框架。

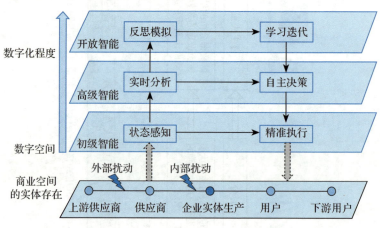

图 4-14 工业数字化的系统集成框架

选择哪个程度的数字化,取决于企业生存环境和竞争位态中的不确定性。如果业务很确定,就不需要那么高水平的数字化,对于小尺度的扰动,简单的感知–响应模型就能产生不错的效果。不要一味追求潮流,过度的数字化反而会带来副作用,实践中并非越智能、越先进的就越好。

随着不确定性的增加,就需要更复杂的算法和决策。数字化的本质是应对业务不确定性的挑战。要根据不确定性的程度,设计相匹配复杂度的技术方案。数字化集成与整合方案的复杂度完全取决于业务面临内外部扰动带来的不确定性。业务的不确定性越高，越需要复杂的数字化。

### 4.2.4 基于控制论的理论框架

设计数字化的集成架构需要一套精准的符号。为了更有效地探索和推进数字化转型，我们需要寻找数字化的基础学科的基础理论，最相关的是系统科学的控制理论。

数字化转型的核心问题是工业技术与信息技术如何融合。控制理论基于抽象的系统概念，探讨控制算法与控制对象的关系，这恰恰就是 IT 与 OT、数字空间与实体空间的关系。在传统的工业控制中，控制对象是简单的设备（如电机、自行车、汽车），控制算法可以改变控制对象的特性。当控制对象从具体的设备扩大到生产过程，甚至整个企业，控制论可以作为数字化的基础理论。以控制论为基础，我们可以穿透软件架构和算法设计的细节，看清数字化的本质。

#### 1. 数据驱动业务的控制论模型

从系统控制论的角度，企业包括实体的物理空间和虚体的数字空间。企业生产过程包含大量实实在在的价值创造活动，形成价值流。数字化就是在数字空间构建有效的数据通道，被称为"新基建"。流动的数据形成信息流，并驱动实体业务的价值流优化改进，产生额外的价值增值。

基于简单的控制论模型，图 4-15 展示了数字化的信息流与价值流之间的交互关系。信息流一般包含三个典型环节：感知、认知和行动。数字技术的"虚"需要与实体业务的"实"结合，以更灵活和敏捷的方式，优化与改变实际的业务过程。

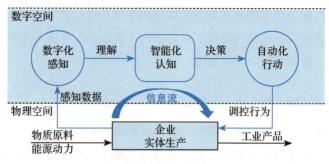

图 4-15 业务数字化的控制论模型

数据本身并没有价值,数字化的价值来自对实体业务的优化。再智能的算法只有跟物理空间的实体业务交互,驱动业务产生现实世界的行动改变,才会创造价值。有价值的数字化不是单向的数据采集,数字空间与现实空间的数据是双向互动的。如图4-16所示,任何一个业务环节的数据都可以采集并输入模型,再辅助人或者自动做出决策,并精准地驱动业务活动进行必要的调整。

数字化让人们的经验式决策更加理性,不仅帮助人们更全面、更实时地了解发生了什么,还能自动推理可能的原因,提高分析和决策的效率。基于历史的经验,可以建立概率性的预测模型,进而预防可能的问题发生,提高过程控制的一致性,大幅提升决策的效率和效果,动态优化业务,并对异常做出及时调节和快速准确的响应。

从信息流向来看,数字化是从感知开始,再到认知、行动,但是数字化转型的路径,要反过来从价值创造出发,依照价值增值点寻找智能化技术,并根据算法策略需要,决定需要采集哪些数据。

**2. 数据驱动的闭环控制图**

数字化要解决的场景,往往比较复杂。有时候不确定性太高,难以预测行动的结果,因而不敢贸然行动。前者造成感知的

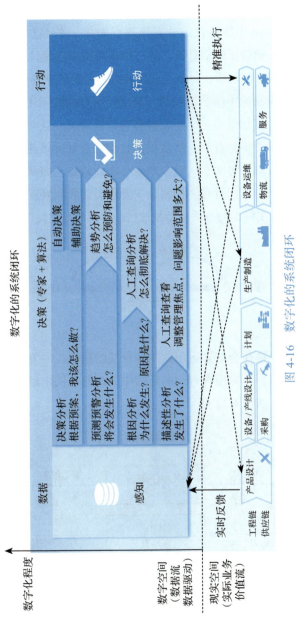

图 4-16 数字化的系统闭环

困难，后者造成决策的困难。

把图 4-16 中数字化的数据流进行简化，本质上有两种不同的流向，一种是正向信息流，另一种是反馈信息流，如图 4-17 所示。正向信息流是指在行动之前就能有充足的信息进行有效决策，这相当于控制论中的前馈控制，是比较简单的数字化场景。现实情况往往是信息量不足，不太容易看清楚情况。这时候可以先试探性地采取一小步行动，然后根据行动的效果反馈迭代，修正策略后再次行动。每次尝试都会产生一次新修正，因此负反馈是一个无限循环的迭代过程。控制论主要研究这种闭环迭代过程，反馈信息流与实际的业务活动反复迭代，形成闭环负反馈系统。

图 4-17　不同流向的信息流

实践中往往会综合运用前馈和反馈的信息，一方面尽可能扩大信息量，另一方面在行动的反馈中，快速迭代出最佳的数字化转型路径，如图 4-18 所示。

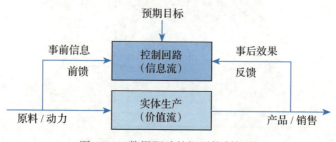

图 4-18　数据驱动的概要控制框图

图 4-19 展示了更详细的数字化控制示意图。

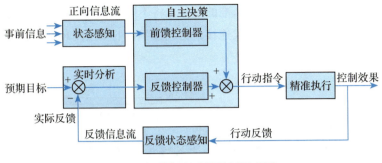

图 4-19　数据驱动的控制示意图

### 3. 多层控制的闭环架构

数字世界与物理世界的双向互动可能有多种方式，虽然都能实现价值，但代价不同，优化和智能的程度不同。复杂的问题往往有多种做法，这就需要"智能"的算法，数字化方案的智能水平就体现在是否能快速实现最优解。

不同层级度量的维度和考核的目标是不一样的，应对不确定性的时间尺度也不一样。类比人脑的双系统理论，企业包含两个速度不同的闭环控制系统，如图 4-20 所示。与一般的金字塔式的顶层架构不同，基于控制论的数字化方案凸显优化的核心价值。

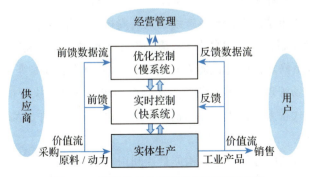

图 4-20　数字化产生价值的闭环控制系统

控制论提供了一套精准的符号,将不同时空尺度下的优化环路,以内外环嵌套的方式连接,构成数字化的多层闭环架构,如图 4-21 所示。

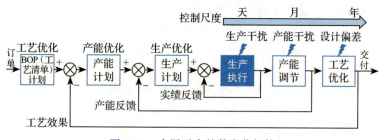

图 4-21　多层融合的数字化架构

企业的管理活动可以分为经营管理、运营管理和现场管理三层,如图 4-22 所示。

经营管理层,动态规划资源平衡,保证总体的资源(人、机、料)与订单平衡。调整组织架构,从固定的人员配置改为动态的人员配置,提高组织灵活性。人员配置根据订单动态变化,当订单不足时,及时将资源释放到资源池,进行资源调度。

运营管理层,动态调度资源,将释放的资源汇集到共享的资源池,按技能和能力组织建立机动资源;根据主生产计划,以周或双周为单位动态调整各产线的人员安排,在各产线流动;根据生产微计划,有产线异常(故障、换型、维护)事件触发,实时调动人员修复,尽快消除异常,同时见缝插针去做保养等。

现场管理层,实时调节生产,提高转型计划的执行精确度。以算法代替人工排程,可以根据影响排程的异常事件,及时调整转型时间。

大自然的分层分形结构能最优利用有限资源。我们可以向自然系统学习设计数字化的顶层架构,构建分层、分布式的数字化

# 第 4 章 工业数字化转型的系统整合之路

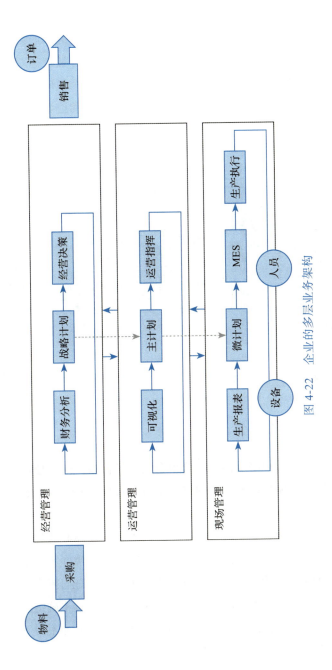

图 4-22 企业的多层业务架构

系统。图 4-23 展示了可扩展的数字化技术架构，其核心是建立分层的目标体系、分布式的感知网络、自组织的分散控制。这不仅涉及将数据流分为感知、企业愿景、控制这三个横向环节，还需要规划相应的技术层级。这通常包含云端计算和边缘计算两个主要部分。

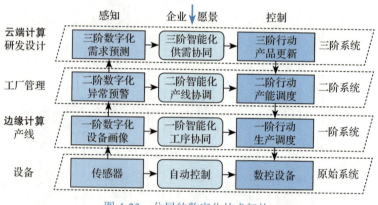

图 4-23 分层的数字化技术架构

## 4.3 设定数字化的价值目标

数字化的战略要落地需要跟企业的经营指标密切挂钩。在制定数字化战略的时候，如何设定阶段性目标？如何设定数字化项目的考核指标？

无论是否数字化，企业存在的根本是实现价值创造，在工业企业，就是提高效率、质量和降低成本等。"多快好省"是企业永恒的目标。然而仔细考察会发现，数字技术并不能直接实现这些目标。将数字化与企业价值连接起来的桥梁，是对抗不确定性的柔性能力。商业竞争不可避免遇到不确定性的干扰，企业不得不留有很多裕量。消除工业企业这些天然的浪费,是数字化最擅长的。

### 4.3.1 围绕价值链的核心环节

工业企业的业务繁多,可以从价值创造的程度和能力来识别企业的核心业务以及业务的核心环节。工业企业的业务一般围绕三类价值创造活动展开——投资建设、产品研发以及生产运营,形成如图 4-24 所示的三个价值链。每条价值链都由一系列不同时间尺度的业务活动组成,生产制造是这三个价值链的交汇点。

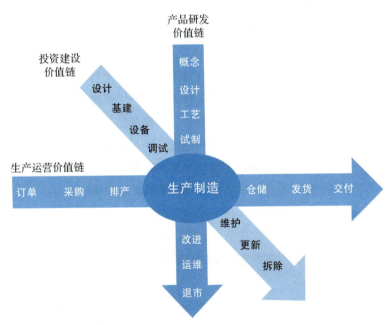

图 4-24 工业企业三个价值链的生命周期

- 工厂的投资建设:从工厂选址、产线设计、设备采购、安装调试,到开始运营,以及对设备进行保养、维护、升级。工厂选址需要考虑地理位置、交通便利性和劳动力资源等因素；产线设计则需要优化生产流程，提高效率；设备采购和安装调试是为了确保生产线能够顺利运行；在开始运营后，还需要定期对设备进行保养和维护，以延长设备寿命，保障生产的连续性，同时根据需要进行设备升级，以适应新的生产需求和技术进步。

- 产品的研发创新：从满足客户需求的概念设计到生产，直至新产品出现而被淘汰。研发团队首先需要深入了解市场和客户需求，进行概念设计和可行性研究；其次是产品的开发和试制，确保其符合设计要求和市场需求；再次是批量生产，推向市场；最后，在新产品出现并替代旧产品后，旧产品将逐步退出市场。

- 业务的生产运营：从客户订单到生产和交付。业务运营始于客户下订单，企业首先根据订单需求安排生产计划；其次是原材料采购和生产制造，确保产品按时按质完成；最后是产品的检验、包装和运输，确保按时交付给客户。运营过程中，企业需不断优化生产流程，提高效率，降低成本，以满足客户日益提升的交付要求和质量标准。

这三个核心价值链具有不同的生命周期。工厂的生命周期很长，从几年到十几年，甚至几十年；产品的生命周期次之，从几个月到几年。生产运营中，交付周期越来越短，客户希望下单后能尽快收到产品。

在图 4-24 中，业务活动一般只跟自身前后相关的单元交互。但是，企业本是一个复杂的有机生命体，工业化将企业分解为割裂的业务单元，而数字化将割裂的业务单元重新连接与整合。价值链数字化之后，就有可能在数字空间方便地集成，产生融合创新，如图 4-25 所示。在这三个价值链上的数字化分别对应工业4.0 中的三项集成：横向集成、纵向集成与端对端集成。

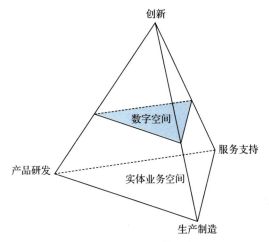

图 4-25　企业经营要素

数字化之后，可以更及时、更系统地反馈迭代。基于用户使用过程的反馈，改进生产制造；基于生产制造过程的反馈，改进产品研发。数字化使得这个闭环反馈更快，加速了产品迭代的速度，提升了企业的竞争力，如图 4-26 所示。

图 4-26　数字化反馈促进产品、制造和服务的创新升级

## 4.3.2　加强核心竞争能力

即使在价值丰富的业务环节，数字化本身并不直接产生价值。实际上，企业的核心价值直接反映在向客户提供的价值上，而数字化是通过加强业务的核心能力来实现价值创造的，其关系如图 4-27 所示。

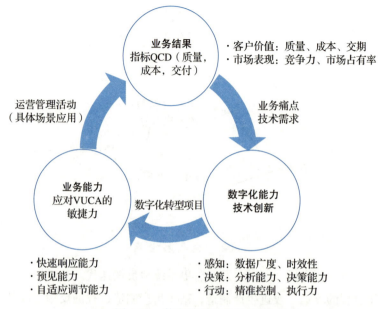

图 4-27  数字化创造业务价值

企业的核心业务价值源自向客户提供的价值,这在生产制造和产品研发领域尤其明显。在生产制造环节,关键绩效指标(KPI)主要聚焦于成本、质量和交付时间(Quality Cost Delivery,QCD),旨在优化产品制造的效率和效果。对于产品研发而言,KPI 则更侧重于衡量产品的市场竞争力和市场占有率,这些指标反映了企业创新能力和市场适应性的成效。

在生产制造和市场竞争的各个业务领域,不确定性无处不在。面对越来越剧烈的市场竞争,企业能否迅速适应 VUCA 环境,直接关系到业务成败。数字化转型过程中,通过技术创新有效提升了企业的业务能力,这包括:在感知层面,扩大了数据的覆盖范围和提高了其时效性;在认知层面,增强了分析能力和决策的精确度;在行动层面,实现了更细致的控制和更高效的执行。数字化转型的核心价值在于增强企业应对 VUCA 挑战的能力,通过业务能力的提升来创造价值，成为数字化价值创造的关键杠杆。

### 4.3.3 提升价值创造的业务能力

在商业社会，企业要以顾客为中心。顾客满意一定涉及三个方面——交付周期、质量、成本，所以数字化也必须围绕这三方面的价值目标——更低的成本、更高的质量、更快速的交付，简称 TQC（Time，时间；Quality，质量；Cost，成本）。

- 交付周期：精益生产用 JIT（Just in Time，准时制生产方式）以及 Kanban 系统以确保顾客按自己的时间需求获得想要的产品和服务。
- 质量：精益生产用 Poka Yoke（防错）及 Kaizen（持续改善）来帮助提供高质量的产品和服务。
- 成本：精益生产通过消除 7 大浪费来降低成本（确保顾客满意前提下消除浪费）。

工业企业的管理者非常熟悉这些，但是在做数字化转型时，常常会犹豫甚至忘记这些基本价值。数字化转型就像放风筝，新技术可以眼花缭乱，但价值创造是根本，就像风筝的拉线。风筝飞得越高，手越要抓牢，否则数字化就一直飘在空中，不接地气。

图 4-20 中数字化价值闭环包含三个必要环节，虽然信息的流向是从感知到行动的，但是可以倒着做数字化规划，基于可能实施的业务变革行动，从价值出发，确定最小的数据需求，如图 4-28 所示。

如果不能产生行动的改变，再智能的算法也没有价值，就像满腹经纶的书生在空谈国事，除了自我感觉良好之外百无一用。如果不能改变制造的模式和生产管理的方式，使得业务本身产生实质的改变，再高级的数字化也没有任何价值。有效的数字化，必须是感知、认识和行动三者相匹配的，就像木桶原理，最薄弱的环节制约了数字化整体的效果。

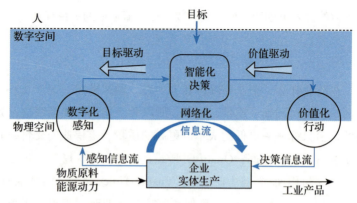

图 4-28　价值驱动的业务数字化模型

此外，目标一定是来自数字空间之外的，一般是创始人的意志和管理层的主观选择。很多企业数字化转型的困难在于缺乏清晰的战略目标。数字化并非企业的战略目标，相反，数字化是承接战略目标的手段，针对企业当前业务痛点，均衡合理地分解到不同的控制环路。

数字化要寻找最合适的技术组合，而不是最高级的技术。最好的数字化是能且仅能达成目标的。当目标清晰的时候，就能抵抗供应商的各种"忽悠"，避免盲目试错走弯路。

数字化能增加企业的韧性，面临不确定异常时能更灵活地应对。数字化的灵活应对增强企业的一些基础能力。

- 多样性：在更大范围内协调资源，空间上更宽广，纵深上更精细，鼓励多元的文化，企业的多样性强，设备的可能性多。不只是单一的、刚性的流程。
- 快速响应能力：面对扰动和变化，能够快速反应，具有较强的动态调节能力，调控的带宽很大，能够见微知著，对细微的征兆做出快速调整。
- 稳定性：抗扰能力强，调节过程必须是稳定的，不能引发系统的振荡。

这三项基础能力，结合工业企业本来追求的成本、质量、效率，构成如图 4-29 所示完整的数字化的目标。

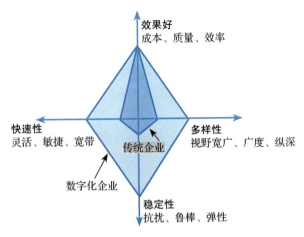

图 4-29　数字化的目标

数字化是通过提升业务的能力，而创造业务价值的。图 4-30 示意了数字化项目的目标设定。

| 能力项 | | 资源优化 | 快速响应 |
|---|---|---|---|
| 运营能力提升 | | 计划排产、物流、提高产品兼容能力 | 提升异常响应速度 |
| 制造能力提升 | 工艺 | 工艺管理数字化、公差优化 | 工艺异常自动纠偏 |
| | 设备 | 设备管理数字化 | 提高设备可靠性、标准化、柔性换型 |
| | 质量 | 降低质量成本 | |
| 规划设计能力提升 | | 提升园区规划、物流设计、拉线设计优化设计能力 | |

图 4-30　设定数字化项目的目标

## 4.4　选择有价值的场景

工业企业进行数字化转型，究竟多智能才算是"智能"？数字化是企业的投资，需要考虑投入产出比。数字化与智能化的程度和企业的生存压力有关，与企业内外部的不确定性挑战相适应。分步骤规划数字化项目核心是找到这两者的匹配。从最大不确定性因素切入，在最需要的业务场景，选择最适合的数字化方案。

数字化是企业在商业丛林中适应性进化的过程，千万不能炫技。在数字化之前，企业也能正常运行，人工也能很有效地处理很多的信息，只是随着信息量增加，需要更有效的技术帮助人处理信息。如果应用了数字化技术，反而降低了效率，再先进的技术也是落后。

### 4.4.1　价值驱动的数字化

数字化转型并非仅为追随潮流，而是从根本上重塑业务，核心在于业务模式的创新。在数字世界中，再先进的智能技术如果无法转化为实质性的行动，就如同镜花水月，无法产生实际价值。仅有围绕数据建立新控制回路，将数字世界的智能转化为推动变革的实际行动，进而改变物理世界的运作方式，数字化才能创造出真正的商业价值。

虽然数字化和信息化在表面上拥有许多相似之处，如软件系统的使用、对数据的关注，以及精美的人机交互设计，但两者之间存在根本的区别。信息化源自工业 3.0 时代，其软件价值主要是作为提升效率的工具。而数字化代表着工业 4.0 时代，通过建立新的闭环控制系统，实现软件（虚拟）与硬件（实体）的深度融合，其价值从简单的效率提升工具转变为确保成效和收益。

数字化的价值在于使所有资源都能围绕价值创造进行最大化利用，主要表现如下：

### 1. 优化资源，消除浪费

数据本身并没有价值，数字化的价值来自对实体生产过程的优化和改进。每个企业都有很多浪费，精益生产指出工厂生产有八大浪费。虚拟空间的信息流，能让实体空间的生产资源进行跨局域协同，在全局优化分配。

每个部门为了应对意外，在资源配置、任务安排上留有裕量，如果将各单元的储备统一管理，动态调配，不仅能更有效地利用资源，甚至组织整体上也能更好地抵抗不确定性。数字化通过分时复用，能够更好利用资源储备。

企业存在大量的浪费，但是所有的浪费都有它合理的一面。为了不让原料到货时间的波动影响生产，就需要来料库；为了快速交付客户，就需要成品库存。这些缓冲貌似"浪费"，实际上是用来应对不确定性的。

精益生产通过精细化管理来消除"浪费"，这在平稳的市场环境下是可能的，但在波动的市场下，"浪费"是不可能消除的。事实上，人也有大量的裕量储备，人日常的体能消耗很低，是为了突发危险的时候能爆发式反应，同样，人脑的使用量还不到10%。"浪费"是企业的裕量储备，保证生产的弹性和灵活性。随着市场竞争加剧，企业不能减少"浪费"，反而需要增加更多的"浪费"才能生存。

与精益管理不同，数字化以智能来应对不确定性，在消除"浪费"时并不消弱企业的适应性。VUCA时代不确定性加剧，如果不进行数字化转型，企业为了生存就必须增加裕量储备的"浪费"，效率和竞争力必然逐年下降。

不确定性是推动数字化转型的根本动力。因此，第一步的行动可以从不确定性的因素入手，寻找数字化的技术，消除最不确定因素的影响。跟不确定性有关，从最不确定的挑战开始，因为最不确定的因素，传统的应对方法就是额外的冗余储备，这在企业就是"浪费"。不同工序的流速不一样，通过产线的设计，可以匹配流速。

### 2. 提高韧性，抵抗不确定性

工业生产追求确定性、标准化各种管理活动，生产过程都是在这些标准的前提下，持续优化与改进。但是，随着市场的发展，这些标准前提越来越受到冲击。现在不确定性的事件不再能当作个例来处理，不确定、模糊、复杂、多变会成为企业的常态，我们不得不系统地设计和升级企业的管理、生产体系。这恰恰是数字化转型的根本动力。

生产环节都有缓冲，单点来看是浪费，但是很多浪费可能是必要的。"浪费"往往隔离不确定性影响的"缓冲"，如果能更好地抑制不确定性，就能减少浪费的"缓冲"。

数字化通过信息的自由流动，带来低成本应对不确定性的新手段，进而减少应对不确定性的裕量储备，减少浪费。同时，数字化还能在更广的空间优化资源，提高企业适应新增不确定性的能力。

### 3. 简化管理，消除熵增

企业有很多的制度和规定，但是没人检查其中是否有内在矛盾的规定。每个部门从自己的角度，还在不断增加规定；每出现一个"事件"，就会增加一些规定。

根据哥德尔不完备定理，完备的必然不自洽。当制度和规定很全面的时候，必有矛盾的规定。这些必要的不自洽，造成企业的"熵"持续增加。随着企业的发展，管理变得越来越复杂，熵增降低了企业活力。为了管理而管理的事越来越多，管理从手段变成了目的。

VUCA 时代，企业面临的不确定性越来越大，必须简化管理，才能增强弹性和快速反应能力。数字化能减少不必要的管理，让管理回归本质，一切资源聚焦于价值创造，表现在：

1）数字化能让固定的岗位分工以任务动态调配。任务驱动和任务导向，能最大限度发挥知识工作者的专业能力。每个人不必拘泥于岗位职责，专业才能穿透部门墙的束缚而自由流动。

2）数字化提供了简化管理的技术，通过将人为经验进行结构化整顿，检视和消除其中的不自洽。用算法模型取代繁杂经验规则，仅保留根本性和必要的硬规则，每次都寻找达成目标的最佳方案。

### 4. 系统优化

在工业化分工的时候，各自有明确的边界，ERP 软件做什么，MES 软件做什么，分工明确。但是，数字化需要整合、集成，让数据自由流动，无形中打破原有的边界。

一些企业要求各软件开放接口，一些企业支付接口费，或找第三方的软件公司。实践中为了打通数据的接口总是会遇到这样那样的问题，有的是技术问题，更多的是非技术问题，涉及不同软件的边界和利益，而企业内部甚至涉及不同部门的边界和利益。

更重要的是，我们不一定清楚自己要什么数据，中间存在模糊地带。

## 4.4.2 场景价值的判断条件

数字化要以"终"为始，从价值出发，不管多智能的技术，最终都是要创造企业价值的。数字化的技术层出不穷，怎么判断数字化是否能有效地创造企业价值呢？

要判断数据流是否能有效地控制和改变价值流，基于控制理论需要 3 个基本条件。

### 1. 能观性判据：足量有效的信息

数据是数字化的基础，无论是打通数据的孤岛建立数据湖，还是增加传感器建立物联网，都在增加数据量。数字化实践中的常见问题是：需要采集哪些数据？需要多少数据？

虽然信息流沿着感知、认知、行动的顺序流动，但是在设计和规划的时候，要反过来，从价值出发确定数字化的目标，从目标出发确定数字化的方向。如果没想清楚如何使用，就很难确切知道要采集哪些数据。不好的实践是先采集了再说，能采集什么数据就采集什么数据。但是真正使用数据开发算法的时候，又发现可能缺少数据，或者数据密度不够。

数字化用数据表示实际的物理对象，形成一个虚拟的数字空间。并非所有的状态都是可测量的，很多关键的因子无法被观测。数字化的能观性问题，是根据可以被观测的数据，尽可能准确地确定系统的状态和关键因子。

工业数字化实践中，尤其关注可以驱动行动改变的数据。图 4-31 展示了数字空间、决策集和行动空间之间的关系。从行动倒逼数据采集，根据行动的可能性空间，决定需要哪些决策；基于决策的需要，确定需要开发哪些智能的算法；基于算法的需要，确定要采集哪些数据。

数据的获取要付出代价，获取的数据越多，采集、传输和存储的成本都要增加。如图 4-32 所示，随着数字化的深入，数据量和种类会持续增加。数据的价值不完全取决于数据量，还跟数据的类型、数据之间的关系等因素有关。随着人工智能技术的发展,同样的数据能挖掘出更多的信息。好的算法就在于用尽量少的信息,做出最佳的决策。

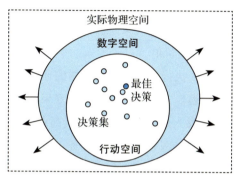

图 4-31　企业决策的系统论模型

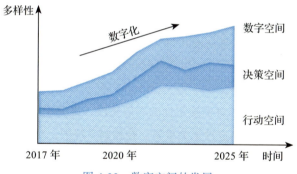

图 4-32　数字空间的发展

## 2. 能控性判据:可执行的决策

数字化的价值最终必须体现在有效的行动上。只有那些能够被有效执行的决策,才能真正转化为实际的价值,这与控制论中的"能控性"概念相似。在控制系统理论中,能控性意味着能否通过适当的控制输入,在有限时间内将系统从任意初始状态转变为期望状态。只有可控的系统，才能通过调整输入信号实现预期输出，而判断系统是否可控的标准或条件被称为"能控性判据"。

在数字化方案的设计中，行动要么由设备自动执行，要么由人来执行。无论是哪种方式，行动的有效性决定了数字化方案能否达成预期目标。确保每个决策能够被准确、高效地执行，数字化才能真正为企业创造价值。

在实践中，人工执行往往成为最薄弱的环节，容易在执行过程中出现折扣或延迟。为了改善人工执行效果，需要结合组织设计和业务激励，激发人的主动性，进而提高业务主体的能控性。有些执行是强制性的，例如强制派发任务，虽然这种方式能在短期内确保执行，但从长远来看，可能会影响人员对系统的信任，甚至引发深层次的抵触情绪。而一些系统是自愿参与的，例如数字化大屏和仪表盘，它们仅展示问题，广而告之，合适的人会根据这些信息主动采取行动。有了良好的激励机制，即使是简单的系统也能促成有效的改变。

### 3. 快速响应的能力

快速响应是应对不确定性的有效策略，提升响应速度对于数字化系统应对不确定性至关重要。在控制系统中，"控制带宽"最终限制了闭环负反馈系统抵御不确定性扰动的效果。只有当系统能够在足够快的时间内作出调整时，才能有效抑制不确定性带来的影响。如果响应速度过慢，系统将无法及时纠偏，导致无法有效补偿干扰带来的影响。

随着社会发展和不确定性的增加，工作的节奏不断加快。互联网等新兴产业的工作节奏明显比传统产业更快。同时，随着经济的发展，生活节奏也在加快。在繁忙的城市中，行人步行速度显著快于安静的乡镇。1976年，心理学家博恩斯坦测量了15个城市的行人步行速度，发现大城市的行人走得更快，这表明城市化和经济发展推动了整体节奏的加速。

数字化不仅加速了我们的时间，还压缩了我们的空间。通过在更广泛的空间尺度上优化资源配置，数字化提升了企业应对不确定性的能力。例如，一个部门面临的未知干扰，可能是另一个部门已经熟悉的问题。打破"部门墙"的信息流，能够跨部门实现资源优化。同样，一个行业的难题，可能在另一个行业已经被解决，通过跨行业的借鉴，或许可以找到新的巧妙解法。

从时间尺度来看，当下的未知问题可以通过历史数据找到灵感。基于数字化，我们能够突破时间和空间的局限，不仅提升了企业的灵活性，还增强了企业应对复杂环境的竞争力。数字化让企业能够快速从过去的经验中学习，并通过跨部门、跨行业的资源整合，迅速调整和优化自身策略，从而更有效地应对不断变化的挑战。

### 4.4.3 数字化的评测模型

在探索数字化转型的过程中，企业希望获得一些确定性强的方案，对标权威机构智能制造的成熟度模型。然而，数字化并没有标准答案，没有最好的数字化，只有最适合自己的数字化。围绕企业不确定性这条主线，更容易把握数字化的度。

企业外部的环境在持续发生变化。企业如何从碎片化的情报，及时感知变化的趋势，形成全局的判断？

#### 1. 感知不确定性的需求

数字化的机会来自企业的不确定性。外部的不确定性可能来自市场或者供给，内部的不确定性可能来自人员、设备等。不确定性越高，可能越需要数字化来解决。

成熟的企业在发展的过程中可能积累了很多方法，预留了很多储备裕量以应对不确定性的风险。成熟企业的数字化能优化和减少储备裕量，提高企业的效能。

相对而言，初创的企业没有积累足够的储备裕量，似乎发展迅速，但是风险较高，容易受不确定性影响。初创企业的数字化，往往需要关注对风险的预警和提醒，可以分不同尺度监控不确定性的波动，根据波动的周期确定更新的频次。例如，从新闻事件抽取企业的监控指标，以监控供应链风险和市场的波动。

### 2. 寻找多样性的可能性

应对不确定性的所有可能行动，构成企业的多样性。能够去改善和应对所有可能性，是数字化转型的着力点，可以提前评价数字化方案是否能有效地解决问题。

控制论大师阿什比结合信息论和控制论，提出有效调节的必要多样性法则：只有控制器中的多样性才能中和由环境扰动产生的多样性。

应用在企业的数字化转型中，企业要具有足够多的信息，并有足够多的行动措施，才能避免不确定性的影响。我们虽然无法消除不确定的因素，但是通过数字化的积极调控，可以避免产生影响。数字化系统需要足够多的信息和能力，才能自主调控，产生与不确定性相反的行动，以抵消扰动产生的影响。

随着市场的竞争越来激烈，企业面临的不确定性越来越高，速度加快，功能分化，结构繁复，边界拓展。因此，企业的内部结构需要不断分化，以产生足够多的多样性。

从趋势上来看，企业沿着空间尺度拓展。

1）内部空间：内部组织越来越扁平化，团队小型化；固态的企业结构逐渐转向流动，文化从封闭走向开放。

2）外部空间：生产资源开始流动，独占的资源逐渐共享。数字化延展了企业的生态空间，实际的物理空间被扩大了，上下游的关联方更多，组织的边界越来越模糊，整体上反脆弱能力更强。

在时间维度上，企业提供的产品和服务的生命周期越来越短：产品的生产交付周期缩短，变更频繁；按部就班的长周期研发被快速迭代取代，DevOps（开发和运营）成了一种新的开发模式，一边开发一边提供服务。

### 3. 适合数字化的场景特征

数字化的核心是要找到合适的应用场景，要将数字化技术嵌入场景中，对传统工业的业务流程增加一个完整的数字化闭环，消除这个场景内的不确定因素。

我们可以从三个维度，系统地搜索数字化潜力大的场景。

（1）高不确定性的业务　聚焦于最大的不确定性扰动，分析其发生的频次（或周期）、发生的概率以及强度。不确定性越大、越频繁，越是适合数字化。在工厂生产中，那些每天发生的高频扰动数字化是刚需。因为人善于深思熟虑，对于频发的高不确定性，往往会有机械式的习惯性反应。

越是频繁发生的扰动，越需要快速的数据采集。基于信息论的采样定理，数据采集的频率至少比干扰信号快 2 倍。同样，调控的速度也要快 2 倍，才能构成闭环的价值。

如果不考虑频率的条件，可能在数字化落地的时候遇到困难。比如，有人将无人机用于风力发电机组的叶片巡检，侦测叶片的健康状态，提前预警叶片的潜在失效。由于成本比较高，一般几个月才能做一次巡检，而叶片产生裂纹直至失效的时间可能会很快，在两次检测之间就可能错失预警的时间窗口。好的技术还要跟场景的特性相匹配，这就像年度体检只能查慢性病一样。

（2）价值流量大　数字化的效果来自实体业务的优化，对于价值流量大的场景，同样的优化带来的价值效果更明显。

（3）价值链短　价值链短的场景比较容易看到优化带来的改进。不只是提供一个功能、一个软件、一个工具，而是提供一条龙的完整服务。

业务环节受到的不确定性干扰越大、越频繁，数字化技术越容易发挥作用。数字化就是通过对抗不确定性而产生的，能在不影响稳定、不造成波动的前提下，提高效率，又快又稳。

## 4.5　本章小结

数字化自身并非目的，其核心在于承载企业的战略目标，助力业务战略的实施，增强业务能力和提升运营效率。尽管数字化涵盖软件、算法、数据等众多方面，这些仅为实现数字化的技术途径。数字化旨在追求业务价值，而非简单地将现有业务模式搬到线上。借助更先进的信息技术、软件技术、自动化技术和人工智能等数字技术，提高业务的适应性和灵活性，促进业务和技术的创新。

本章以系统论和控制论为理论基础，探讨数字化与实际业务融合的系统化方法。以创造价值为主要目标，提高业务面对不确定性的应对能力为手段，关注虚拟空间数据流与实体空间价值流之间的协同与互动，构成数字化转型系统方法的核心。

数字化是一项复杂的系统工程，但通过数据流和价值流的系统性架构，可以清晰地把握数字化转型的主干脉络。只需确保战略目标和经营目标的明确性，就能根据业务的复杂性和不确定性，逐步迭代和演化数字化转型。固守价值创造的方向，即便道路遥远，终将通过数字化实现业务转型升级。

| 第二篇 |

# 敏捷实践

本篇将抽象的方法论落实到企业实务中,介绍数字化在工业场景的具体实践。数字化是一个复杂的系统工程,为了探寻数字化与业务融合的有效路径,需要根据业务的复杂度和不确定程度,快速迭代、逐步演进。

第 5 章探讨了初级阶段的数字化,其中数字化以"外挂"的方式赋能现有的业务。工业与数字化融合类似于物理反应,在这一阶段,数字化提升了业务应对不确定性的能力。本章按照数字化的发展层次,由浅入深地介绍了集中监控、自主决策和智能控制的实践应用。最后,本章介绍了如何将业务和数字化相结合,形成业务数字化方案的方法,并提供了详细的调研清单和设计模版,帮助企业快速形成具有实际价值的业务数字化方案。

第 6 章探讨了在最小作用力原理下的敏捷迭代。数字化的实施过程并非一蹴而就,而是需要根据阶段性的实施效果进行评估与复盘,并及时调整方案,这正是敏捷的数字化实践。在具体操作中,应在数字化转型的实践基础上构建一层优化迭代的机制。以数字化的方式推进数字化项目,整个实施过程是动态的,需要根据实际情况及时调整,以确保数字化与业务的有效适配。

第 7 章讨论研发的数字化。深度的数字化在业务设计之初就建立在最先进的数字化技术之上,形成原生的数字化业务形态。数字化不仅是赋能业务的工具,更是内化为业务人员的基本能力。数字化和工业化在技术层面交织难分,其界限越来越模糊。数字化带来研发的"第四范式",深入理解业务机理,并以数字化思维重构工业的底层逻辑。同样,工业思维也从业务根本的逻辑层面主导着数字化的发展。两者在底层逻辑上形成原子级的深度融合,水乳交融。这种关系犹如化学反应,形成不可分割的整体,推动了工业本体与数字化协同进化。

第 8 章讨论了数字化转型过程中组织和文化的建设,基于生命活性系统的控制论,深入探讨了数字时代的文化、组织心智和组织结构。成功的数字化转型不仅依赖于技术创新,还要求企业培养创新文化和发展组织能力。建立基于信任和协作的组织心智模式,以及灵活、开放的组织结构,对数字化转型的成功至关重要。企业唯有通过理性与情感协同发展,才能实现平稳的转型和有效的进化。

# 第 5 章

# 变革赋能的业务数字化实践

在消费互联网领域成功的数字化，很难被直接复制到工业。工业场景的个性化极强，工业数字化最大的挑战是工业场景与数字化技术的适配，构建能够融合数字技术的工业场景是数字化的关键。在每类场景，数字化创造价值增值的空间是不一样的。

首先要理解数字化是怎么创造价值的，怎么匹配工业场景与数字化的技术才能最大幅度地发挥数字化的价值。

数字化不是一蹴而就的，而是需要顺应企业不确定性的竞争压力逐渐进化。比较成熟的数字化实践，从简单到复杂依次有三类通用的场景。

1）远程在线的集中监控。打通数据孤岛，实现在线化、透明化的集中管控。基于设备等客观数据，实现实时仪表盘，提高了管理的效率和异常响应的速度。

2）数据驱动的自主协作与闭环控制。在数据联通的基础上可以部署自动的数据协作,让数据自动驱动业务。

3)智能实时优化控制。结合智能的算法,可以实现实时优化。

将这三类场景体现的数字化特征与人的心智对比,类似斯坦诺维奇在《超越智商》中对人类的心智分层。数字化的三个层级分别是"算法智能""自主智能"和"反省智能"。

## 5.1 数字化的技术与发展层级

数字化涉及很多新技术,想要真正把握住数字化技术,就必须从技术细节跳出来,从总体上有个全局认识。只有在更高一层的视角俯视各种技术,才能看清楚它们的关系和来龙去脉,甚至发展趋势。

### 5.1.1 数字化技术的发展历程

每一个数字化技术的模块,都不可避免地涉及输入接口、输出接口,以及相应的存储、计算和通信。图 5-1 回顾了数字化技术的发展历程。

| 技术要素 | PC/微型机<br>1990 | Web/互联网<br>2000 | 移动/云计算<br>2010 | 5G/人工智能<br>2020 |
|---|---|---|---|---|
| 输出方式 | 显示器<br>文字<br>图像 | 显示器<br>图文信息<br>个性化推荐 | 小屏幕<br>文字图像<br>短视频<br>社交推荐 | 大屏可视化<br>AR/VR<br>自然交互<br>自动执行 |
| 计算架构 | X86 CPU(中央处理器)<br>PC(个人计算机)<br>大型机 | 计算中心<br>机器学习 | ARM(GPU+CPU)<br>虚拟化/云服务<br>(IaaS/Paas/SaaS) | 边缘异构分布计算<br>深度学习平台<br>信息物理系统 CPS |
| 存储架构 | 关系数据库 | 大数据 | 数据中心 | 区块链 |
| 通信架构 | 局域网络<br>内部总线 | 全球光纤网<br>WWW(万维网) | 移动网络<br>4G | 安全控制网络<br>5G |
| 输入接口 | 键盘<br>鼠标 | 链接<br>搜索 | 手指<br>相机<br>定位 GPS<br>陀螺仪 | IoT<br>体感传感器<br>机器视觉<br>自然语言 |

图 5-1 数字化技术的发展历程

随着不同技术范式的发展，对应的软件载体形态也在悄然变化，如图 5-2 所示。未来的工业软件载体将不再局限于有形的软件形态，而是会有更多以 API 形式后台运行的智能服务。

| 业务模式 | PC/ 微型机<br>1990 年 | Web/ 互联网<br>2000 年 | 移动 / 云计算<br>2010 年 | 5G/ 人工智能<br>2020 年 |
| --- | --- | --- | --- | --- |
| 应用场景 | 办公自动化<br>企业管理信息化 | 个人消费<br>商品流通 | 社交网络<br>移动支付<br>移动办公 | 人 / 机 / 物融为一体<br>自动驾驶<br>智能场景 |
| 应用载体 | 单机软件 /CS | 浏览器 /BS | 手机 App | 智能服务 /API |

图 5-2　数字化应用的发展

### 5.1.2　智能制造的阶段

工厂的生产管理相当复杂，人们梦想着有朝一日工厂能够实现无人化运作，即所谓的"黑灯工厂"，这与汽车的自动驾驶概念类似。

自动驾驶汽车的想法可以追溯到 20 世纪初，最早出现在科幻文学和未来主义艺术作品中。但直到近几十年，随着技术的进步，这一概念才开始接近实际应用。自动驾驶汽车的发展是一个复杂的过程，涉及多种技术的融合，包括计算机视觉、传感器技术、人工智能和机器学习。为了提供一个通用的、全球认可的框架，以分类、评估和比较不同自动驾驶技术的能力和安全性，美国汽车工程师协会（SAE）制定自动驾驶的分级标准。表 5-1 列举了自动驾驶发展的 6 个级别，从完全由驾驶员操控的传统车辆，到完全自动化的无人驾驶，智能化的水平从 1 级到 5 级依次是辅助驾驶、部分自动驾驶、条件自动驾驶、高度自动驾驶和完全自动驾驶。

表 5-1 自动驾驶的级别

| 级别 | 名称 | 驾驶员干预 | 系统功能 | 典型应用 |
|---|---|---|---|---|
| 0 | 无自动化 | 完全必要 | 无自动化功能 | 传统车辆 |
| 1 | 辅助驾驶 | 高度必要 | 单一功能自动化，如自适应巡航控制或车道保持辅助 | 部分辅助的车辆 |
| 2 | 部分自动驾驶 | 必要 | 多项功能同时自动化，但不是全部 | 高级辅助驾驶系统（ADAS） |
| 3 | 条件自动驾驶 | 条件性必要 | 在特定条件下，系统可以完全控制驾驶任务 | 自动驾驶在特定场景下，如高速公路 |
| 4 | 高度自动驾驶 | 非必要 | 在特定条件下完全自动化，无需驾驶员的干预 | 无人驾驶出租车，在特定区域内运行 |
| 5 | 完全自动驾驶 | 无需 | 在所有条件下完全自动化，无需驾驶员 | 完全无人驾驶车辆 |

自动驾驶的五个级别具有普遍性。通过类比自动驾驶的分级，我们可以规划智能制造的发展阶段。

- 传统工业生产过程类似于手动驾驶的车辆，尽管配备多种自动化设备，但仍需操作人员起动和控制，不同设备间的协调同样需要大量管理工作。
- 设备联网通信后，各工序实现互联互通，生产过程中的数据能够自动构成工作流，从而减少人工对生产过程的干预，这便是第一级别的"数字化车间"。
- 第二级别的智能制造可被称为"智能化车间"。在这个级别，软件的功能更加智能化，生产过程变得更灵活，动态响应能力增强，能容忍一定程度的异常情况和不确定性，比如在设备发生故障时自动通知上下游。生产中的各项要素通过数据连接和协作，实现了有效的同步。各生产要素能够感知上下游的实时状况，并对异常事件和波动及时调整。
- 智能制造的第三级别可被称为"场景化制造"。在这一级别，制造过程根据订单和实时生产数据自动优化，能够动态调整生产微计划，这类似于自动驾驶车辆根据实时路况变化自动调整车速，无论是面对交通拥堵还是突然出现的行人，都能及时做出恰当反应。这一阶段的智能制造标志着生产过程的自动化、动态化和智能化达到了新的高度。
- 第四级别的智能制造被称为"黑灯工厂"。在这个阶段，生产过程的所有元素均实现数字化，从而达到高度的自动化，并能够进行全面监控和全局优化，无需现场人员介入。

智能制造的最高级别致力于实现经营指标以及端到端的全局优化。在这一级别，智能制造不仅能有效完成生产任务，还能从成本、效益等经营指标出发，实现财务和业务的一体化融合。

### 5.1.3 不同数字化阶段的特征

关于智能制造的各个阶段，目前还没有形成行业内的共识或标准。我们可以从智能的三大要素（数据、决策和行动）出发，理解各要素在不同数字化阶段的特征和表现。表 5-2 展示了不同数字化阶段的数据、决策和行动的特点。

在每个层级，数字化的感知、决策和行动三要素与业务结合，构成了完整的数据闭环，如图 5-3 所示。在每一个数字化阶段，感知的数据类型不同，决策和行动过程对人的依赖程度也有所不同。随着数字化程度的逐步提高，人工干预和决策的程度逐渐减少。

为了更好地指导企业在数字化转型中的实践，我们将不同阶段的数字化特征总结在表 5-3 中。尽管数字化分级不一定是四个层次，但考虑到实践中的可操作性，建议企业基于当前状况，定义接下来的三四个阶段，有助于形成组织关于数字化的共识。随着业务挑战的变化，企业可以持续迭代数字化规划。值得一提的是，这不应被视为一个固定的"蓝图"，而是一个原则性的特征描述。每个

表 5-2 不同层级的数字化所对应的感知、决策和行动

| 级别 | 数据感知 | 分析决策 | 行动控制 |
|---|---|---|---|
| 1 | 更实时的数据，能快速反应最新动态 | 直接驱动行动，不需复杂决策 | 直接驱动行动 |
| 2 | 更深度的数据，不仅包含结果 | 从数据中挖掘产生问题的根本原因，并将管理的焦点从结果的被动响应，转向控制原因的主动应对 | 精准消除原因 |
| 3 | 更细致的观察，更全面的数据 | 能见微知著 | 防患未然 |
| 4 | 历史经验积淀，先验专家知识 | 自动控制，反馈调节 | 自动闭环 |

表 5-3 不同层级的数字化特征及业务中的表现

| 级别 | 主要特征 | 描述 | 技术元素 |
|---|---|---|---|
| 1 | 实时在线，数据资源驱动 | 通过设备和IT系统连接，对业务场景中的人、机、料、法、环、测做到全面感知，使物理制造资源信息实时、精确和可靠地获取，以正确的指标实现数据驱动资源高效利用 | IoT，可穿戴设备，人机交互，数字孪生 |
| 2 | 快速归因，准确打击 | 对多源、异构、分散的现场数据进行实时检测，在业务机理基础上应用大数据分析和机器学习技术，实时传输与分发，分层次快速锁定根因并生成认识，驱动资源准确打击 | 统计分析，机器学习，人机交互 |
| 3 | 精准预测，预防预控 | 结合工业机理，应用数据建模，对不同情景量化模拟，对未来发展进行预测，提前干预，规避预见性风险 | 统计预测模型，算法预测模型，机理模型或逻辑仿真 |
| 4 | 算法决策，精准执行 | 根据目标或环境的变化，对业务活动和生产要素进行自动调整和适配，对措施的效果反馈进行自学习和优化 | 自动控制，优化控制，优化决策模型 |

第 5 章 变革赋能的业务数字化实践

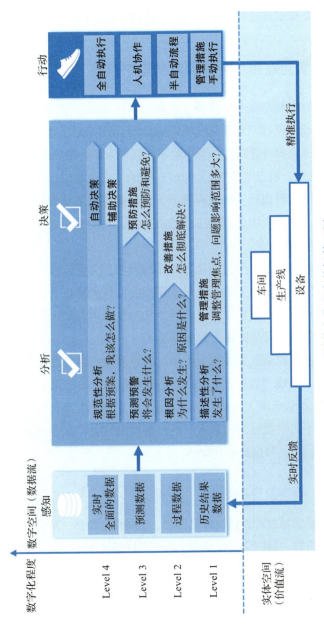

图 5-3 不同数字化程度的智慧工厂

企业需要根据自身的业务特征，具体制定适合自己的规划。

## 5.2 实时在线：全局视角的集中监控

初阶的数字化主要体现为在线化、可视化，全局要素的数据实时呈现，经过一定的算法发现差距与异常。配合透明化的管理机制能迅速提高管理的水平和效率。管理大师彼得·德鲁克说过："没有度量，就没有管理。"实时在线的数字化系统，提供了全局视角下的实时而统一的数据基础，可以做更精细化的管理。在此基础上，大型集团公司能更有效提高分公司的管理效率，减少管理的灰色地带。

初阶的数字化与信息化边界比较模糊，主要价值是提高了信息流通的效率，但是效果受制于用户的支持程度以及公司的管理能力。在集中的监控中心，大屏上实时呈现运营情况，高亮标注出异常事件，因此提高了管理的效率。

集中监控重点关注数据采集与信息获取，尽可能采集一切生产要素，实现"数据上云"。信息流是单向的，常用单向无环图（Directed Acyclic Graph，DAG）表示，对数据处理算法的要求不高，基于实时数据形成报表，进行简单的排名，配合管理的奖惩机制，就能大幅提高管理效率。

### 5.2.1 集中监控中心

传统的精益管理强调现地现物，现场信息虽然丰富，但是缺乏全局的视野。数字化能将全部生产要素同时展示在一起，以全景图俯瞰整体运营状态，更容易看到隐形的浪费，找到潜在改进机会。

企业生产包含的人、机、料、法、环所有要素都可以通过数字化手段采集相关数据，实现全要素的实时在线监控，从而更加精确地控制关键工艺环节。例如，在机械装配工艺中，检测扭力扳手的力矩曲线有助于更精细地管控过程质量。数字化还能够更好地实现产品全生命周期的追溯，这一点对于重型机械或者储能电池的安全运行尤其重要。当用户在使用过程中遇到问题时，将实际场景的数据与出厂测试的数据进行对比，有助于快速排查问题和解决问题。

### 1. 远程监控

以大屏可视化呈现对数据的分析和洞察，比较直观。将多方数据集中展示在一个大屏，是为了反映运营管理的全貌。只有部分数据是实时的，很多数据并不需要实时刷新（每天或每周更新），构成实时数据的上下文，以评价当前的实时状态。大屏以直观的布局，凸显管理的焦点问题。

如图 5-4 所示，针对人、机、料、法、环、测可以按照主题集中监控，将 IT 系统的信息、实时状态甚至视频监控集成在一起展示，以便快速发现设备异常，提醒人们及时处理。

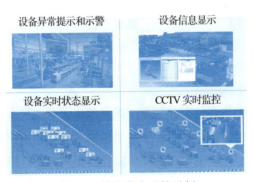

图 5-4　设备集中监控示例

### 2. 在线检验

数字化改变了很多检验、检测的模式。以交通管理为例，数字化实现了检测与审验分离，改变了机动车辆年检审验的模式。

交警系统将机动车检验剥离给社会企业，车辆管理所集中监控所有检验车辆，对检测过程全程监控，检测数据自动传输，远程审验车辆，核发检验合格标识。采用统一标准和统一流程，检测标准更加科学，工作流程更为规范。对车检数据和异常业务进行审核，并实现对异常、问题数据的过滤和警示，对违规业务进行预警，从技术上减少车辆检验的随意性。

### 3. 智慧运维

智慧运维通过数据辅助改进管理，资源共享，从一个人管理一台风机，增加到同时管理多台风机。管理半径的增加降低了运维成本。

智慧风场全生命周期管理系统依托温度、风速、转速、压力、电量、振动等多种先进传感器进行前端感知，相关数据经汇总分析后，自主优化控制策略。

### 4. 数字化工地

在建设工程领域行业，工地数字化改变了工程现场的管理模式。基于数字化技术，复杂多样的施工现场能像工厂一样进行管理。将工地变成了工厂，以工业大生产的方式，提高了工地一体化管理的效率。

基于BIM，将建筑物与施工现场等施工管理对象建立数字化模型，并且把属性、时间等信息要素输入数字化模型。以"虚拟工地"为核心，结合现有的视频监控技术和智能监控技术，不但可以及时发现问题，排除隐患，而且可以进行"虚拟施工"，提前预知工程的施工安全质量问题，控制风险。

视频监控技术是数字化工地的一大亮点，视频监控技术提供了工地现场的全新记录形式——将施工过程进行现场直播，从而直观反映形象进度，及时监督现场施工状况，增加现场安保能力。通过视频监控,准确感知工人的位置,甚至能感知一些典型的人员操作,并与典型的"图谱"对比,来检测操作过程存在的潜在风险。例如:检测人员是否戴安全帽,预防方案风险;感知工厂的 6S(整理、整顿、清扫、清洁、素养、安全)状态,更好地进行质量的过程管理。

### 5.2.2 运营控制塔

运营控制塔并不是可视化大屏的简单升级,而是以闭环控制为核心,及时监测管理范围内的异常,并快速调用可能的预案消除不确定性。

运营控制塔包括可视化、分析、优化三个层级,如图 5-5 所示。根据管理层级和各层的管控要点,分解运营指标。实际运营的数据会实时地与运营目标进行对比,侦测潜在的偏差,并及时根据预案快速响应。

图 5-5 运营控制塔

在经营层面,基于同样的逻辑也有经营控制塔。图 5-6 展示了供应链控制塔逐步从以企业为中心,过渡到以用户为中心,实现供应链网络结构下各参与者的协作与信息共享。供应链过去几十年一直在和不确定性做斗争。在供应链控制塔的发展过程中,1.0 版实现了供应链的全局可视化;2.0 版则基于大数据与人工智能进行自主认知、分析与控制；4.0版则能够驱动供应链的自动动态调整与优化。

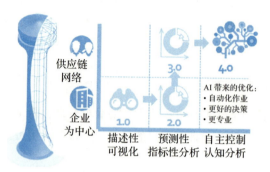

图 5-6 供应链控制塔○

### 5.2.3 管理驾驶舱

高层管理者经常苦于看不到真实的情况，图 5-7 展示的数字化管理驾驶舱，能全面反映企业的运营现状。

现在有很多低代码开发平台，大大降低了系统开发的难度。这里的困难是设计一套有用的看板，不仅能实时展示，还要能对原始数据进行有效的汇聚，对问题进行提炼，对风险进行预测，通过聚焦管理的重点，导向关键行动措施。方案和技术架构总体呈现为金字塔式，可以自下而上搭建各种数据的系统，在线监控人、机、料、法、环等一切生产要素。图 5-8 是以保证交付为目标的设计草图，中间最醒目的是交付的计划和实时达成情况，左侧是影响产能因素，右侧是产能对客户交付和库存的风险。

设计实现的时候，以数据流为纲，用多种可视化组件配合实现功能模块，实现积木式快速开发。

---

○ 引自唐隆基文章"用现代数字智能控制塔改造你的供应链"。

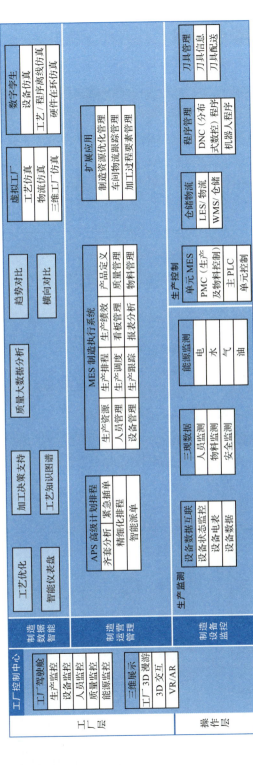

图 5-7 数字化管理驾驶舱

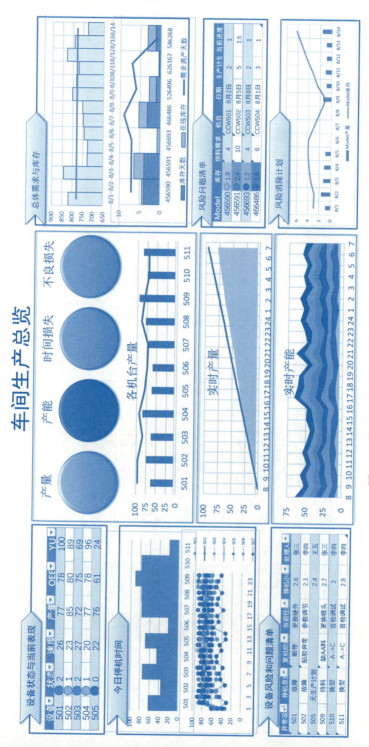

图 5-8 数字化管理驾驶舱的设计草图

- 实时的仪表盘：提醒合适的人员注意生产过程中的风险。
- 设备在线监控：准确地感知设备的实时利用率和效能，提高设备利用率、产能；大数据挖掘历史运行数据，预防潜在的设备故障。
- 实时的绩效看板：及时反映每个小组甚至每个人的实时绩效，将年度的 KPI 放在平时。
- 数字化的价值流：实时反映生产线上的浪费，价值流的堵塞，在问题刚刚暴露的时候就及时处理。

## 5.3 自主决策：数据驱动的快速响应

数据的潜在价值，只有通过行动的闭环才能释放。数据的流动比数据更有价值，让数据创造价值的关键是要让数据流动起来。其中最简单的一种模式，是从信息流中实时侦测特定场景，一旦检测到预设的特征条件，即可触发预案中的动作，整个过程是自动执行的，如图 5-9 所示。

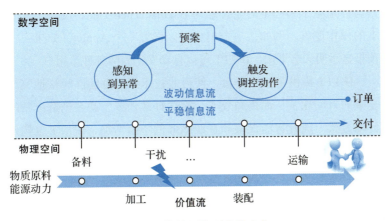

图 5-9 简单预案型的数字化

在线监控的数据是被动的，需要人来查询，而一旦建立了数据和动作的联系，数据就变成主动的，能根据设定的条件自动触发。从被动查询到主动触发的数字化，让数据为人服务，而不是人被数字化系统绑架。这个模式虽然简单，但是当扩展了丰富的感知器和执行器，就可以构建出丰富的由数据自动触发的"智能"场景。

### 5.3.1 基于规则的自动响应

信息化常常跟流程分析和流程优化关联，可以用流程来描述很多的业务。将流程中的条件与实时数据关联，固定的流程就升级为自适应调整的动态流程。

固定的流程像常规的买卖合同，双方详细约定每种场景的具体条款，而升级后的动态流程像基于区块链的"智能合约"，合同是可以内嵌代码被数据触发而自动执行的。

美国的IFTTT（If This Then That）就为个人提供智能网络服务，用户自主创建和使用名为Applet的小程序，不同的软件应用、智能硬件根据用户设定的规则逻辑，自动执行特定的任务或操作。其名称来源于编程中的条件语句If This...Then That，反映了其基本的操作逻辑。例如，一个用户可以设置一个Applet，如果天气预报显示明天会下雨，IFTTT可以自动发送提醒邮件给用户。

IFTTT提供了一个平台，使得非技术用户也能够轻松地实现复杂的自动化，从而提高效率，简化日常任务，甚至创造出新的互动方式。随着智能设备和在线服务的不断增加，IFTTT也构建了一个开放的生态系统，简化了智能产品的开发。那些面向消费者的工业企业，只需要开发其触发器或执行的接口程序，就能把"又聋又哑"的产品变"智能"，接入IFTTT的生态系统。感知类的产品，如智能手环，发送特征数据；而动作类的产品，如智能家居的插座、音箱、灯，只需要接受IFTTT触发的开关指令。用户像搭积木一样，构建起个性化的智能家居场景。IFTTT 通过这种方式连接了数百种服务，让互联网为你工作。

### 5.3.2 工作流引擎

工业的应用场景比较复杂，虽然没有像 IFTTT 这么简便易用的平台，但类似的思想已经体现在很多工业软件中。工业软件与低代码平台正在逐渐融合，原本需要专业知识才能使用的工业软件，变得更简单易用。例如，2018 年西门子以 6 亿欧元收购了 Mendix。Mendix 内置了一个微型的工作流引擎，可以图形化配置信息流的通道和逻辑。用户只需专注于数据处理的逻辑本质，通过组件和少量代码快速配置数字化的"智能"逻辑，不仅能处理更复杂的逻辑，还能快速嵌入智能的优化算法。

此外，结合软件机器人（Robotic Process Automation，RPA）和业务流程引擎（Business Process Management，BPM），工程师的许多烦琐工作可以由软件自动完成。例如，在基于模型的产品设计中，需要在虚拟样机上对大量工况进行模拟验证，甚至对多种随机场景进行蒙特卡洛仿真，然后对仿真结果进行分析，从而优化产品设计。这个虚拟样机验证通常需要几个星期的时间，现在整个过程都可以全自动地由 RPA 完成。

### 5.3.3 设备数据流

工业生产会持续产生大量过程数据，这些数据一般只在设备内部用于保证设备的基本功能。如果能够让这些数据脱离设备，让整个工厂的数据流转起来，根据数据表现出来的模式，设计相应的响应逻辑，并自动触发具体的改善行动，就能形成一个产线级别甚至全公司的闭环数字化控制系统。流动的数据让产线拥有了智能和活力，设备内部数据的潜力将被激活，不仅被动地展示和存储，还转化为能够直接影响和调整实体物理生产过程的有力行动。动态的数据流动和应用不仅增强了生产过程的智能化和自适应能力，也为提高生产效率和质量控制提供了全新的可能性。

数据的流动比数据本身更重要。为了让数据流动起来，就需要一个数据流引擎，这就像数据的高速公路。图5-10所示为基于Node-RED开发的设备集中监控，系统从生产车间的分布式控制系统采集实时设备数据，并监控生产过程的异常事件，通过飞书消息推送到相关人员的手机。由于使用了低代码开发平台，整个开发过程非常方便，只要业务逻辑想清楚，业务人员可以在几天之内开发出如图5-10所示的集中监控系统。

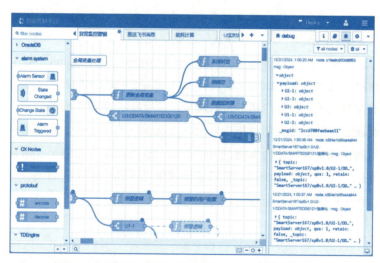

图5-10　设计数据流通路和逻辑的低代码开发平台

该平台将物联网与工业场景紧密结合，提供了一个可视化的编辑界面和丰富的工业组件。业务人员可以很容易构建数据流处理和设备控制的逻辑，通过拖放内置的节点，并通过连线设计数据流动的路径，自动连接各种设备、应用软件和在线服务，以低代码方式集成和自动化工业系统、传感器、设备以及各种第三方服务。利用这些低代码开发平台，非技术人员也能有效地参与到数字化转型和创新过程中，构建典型的应用如：

- 设备集中监控系统：实时采集和分析设备运行数据，及时发现异常情况并发出警报，提高设备综合利用率。
- 智能能源管理系统：监控和优化能源使用，降低能耗，提高能源利用率。
- 智能生产调度系统：从传感器和设备收集数据，获得实际生产进度，并与生产计划对比，及时发现过程异常，以优化生产效率和降低运营成本。
- 智能质量控制系统：基于数据分析结果自动调整设备参数，优化生产过程。实时监控生产过程中的质量数据，自动识别和纠正质量问题，保证产品质量。

## 5.4 智能控制：自适应的实时优化

自动信息流随时实现了价值闭环的数字化，但策略比较单一。智能化就是在其基础上，实时计算出最佳的策略，如图 5-11 所示。"智能"体现在及时做出最佳决策的能力，是多中选优。智能化是在已经闭环了的数字化基础上，拧干可以被优化的水分。

在建立了基于数据的自动响应机制之后，就要提高决策的水平，这需要算法辅助的优化决策。所有的决策都是有限理性的，是一定条件下的优化。

根据决策的边界，在不同的时间、空间尺度上的智能化如图 5-12 所示。这些在"智能"程度上是一样的，随着边界在空间上的扩大，决策的及时性会下降。但是，随着智能化技术的发展，整体上优化的带宽会增加，决策更快速，响应更及时。

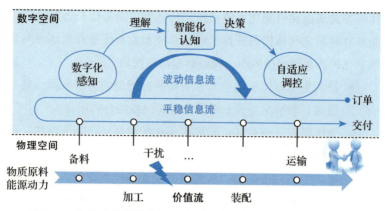

图 5-11 高级阶段的数字化：应对不确定扰动的自适应闭环调控

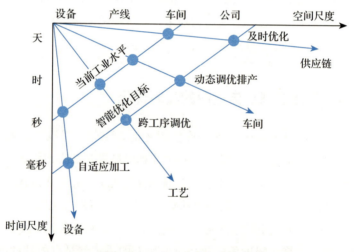

图 5-12 工业生产的智能演化

随着数据量越来越多，算法越来越智能，我们生活的时空被压缩。

- 设备的自动控制，实时性越来越高，原来在 PLC 上能完成的自动控制，可能要调整更底层的伺服控制器。

- 工序之间的数据联调,产生跨工序的优化机会。
- 在现在每天人工排产的基础上,软件根据生产进展和异常自动调整和优化车间的排产。
- 在企业之间,供应链从人工的被动协同,到数据驱动的及时优化。

### 5.4.1 精密机械加工的工艺优化

很多工厂的设备是为单独使用而设计的。在现在大数据的背景下,存在诸多优化的可能。本节以精密机械加工的数控机床为例。

常见的数控机床,进给速度是恒定的,如图 5-13 所示。工艺人员在设定的时候,要考虑切削力过载、功率过载等多种约束,设置参数往往较为保守。

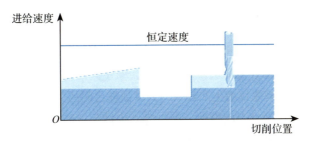

图 5-13 恒定速度进给的机械加工

在数字化工厂,可以将刀具使用情况、加工材料的硬度传给机床控制系统,实时监测切削深度,实时动态调整进给速度,如图 5-14 所示。在保证机床、刀具和加工工艺的各种约束条件下,自适应控制机床加工参数,提高加工效率。

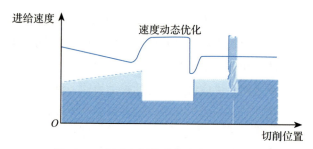

图 5-14　自适应调节进给速度的机械加工

自适应的调节需要深刻了解加工工艺。在机械加工中，切削力与切削深度之间具有直接的关系，切削深度的增加通常会导致切削力的增加。在实际应用中，切削力 $F$ 通常可以通过经验公式估算：

$$F = K\alpha_p^n f^m v_c^p$$

式中，$\alpha_p$ 是切削深度；$f$ 是进给量；$v_c$ 是切削速度；$K$ 是与材料、刀具、切削条件等相关的经验系数；$n$、$m$、$p$ 分别为与切削深度、进给量和切削速度相关的指数，通常通过实验获得。随着切削力增加，刀具的磨损加快，刀具寿命会缩短。因此，在增加切削深度时，往往需要权衡生产效率与刀具损耗之间的关系。

基于加工过程的模型，可以建立机械加工的控制模型，并设计策略，如图 5-15 所示。图中，$F_r$ 为切削力的目标期望值，$F_s$ 为切削力的实际反馈值，$P$ 为机床功率，$U$ 为机床电压，$I$ 为机床电流。如果能够检测到切削深度，就可以用前馈的算法直接计算出进给速度。如果无法测量切削深度，可以根据切削力或功率的误差进行闭环负反馈控制。

图 5-16 为 Omative 公司的相应产品截图。⊖

---

⊖　图片来自 OMATIVE 官方网站。

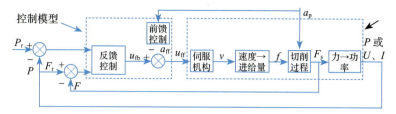

图 5-15 自适应加工的控制策略

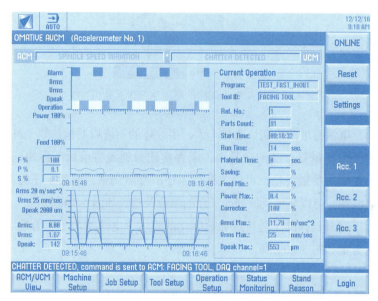

图 5-16 Omative 公司的自适应加工系统

## 5.4.2 复杂工序的跨工序优化

半导体和锂电池的生产工艺比较复杂，涉及很多道先后衔接的工序。我们可以将每一个独立的工序建模，如图 5-17 所示。半成品电池在前一道工序的输出参数 $y$ 作为本道工序的输入因子，结合本道工序的控制因子 $x$ 和不可控的干扰因子 $d$，经过在线测量后得到本道工序的输出因子 $y$,如果合格就进入后一道工序。所有工序串联在一起如图 5-18 所示。

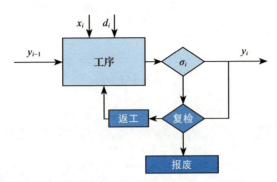

图 5-17 单个工序的电池生产工艺建模

电池的生产周期长达数十天,半导体的制造周期长达数个月。为了保证最终产品的良品率,需要构建数据流将前后工序协同。前工序的参数波动,可以关联后工序的参数调整,而后工序的参数波动,可以尽早反馈到前工序的参数调整,如图 5-19 所示。

结合具体的工艺特点和数字化的程度,电池生产工艺的数字化方案如图 5-20 所示。

### 5.4.3 精细化工的高级过程控制

精细化工生产依赖 DCS 监控和控制工厂的生产过程,DCS 能够实时收集来自生产现场的数据,对生产过程中的物理和化学反应进行准确、实时的控制,以及对生产设备的监控管理,确保生产过程的稳定运行。各个 DCS 的数据往往会形成孤岛,数字化让 DCS 的数据跨系统流动,通过更深层次的数据分析和预测,实现对生产过程的优化调度,减少能耗,提高产量和产品质量,降低生产成本。

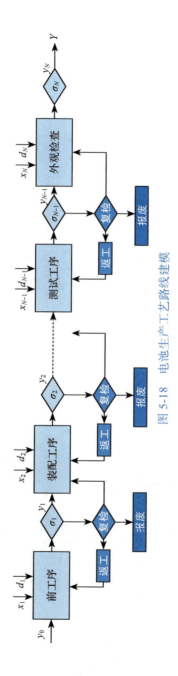

图 5-18 电池生产工艺路线建模

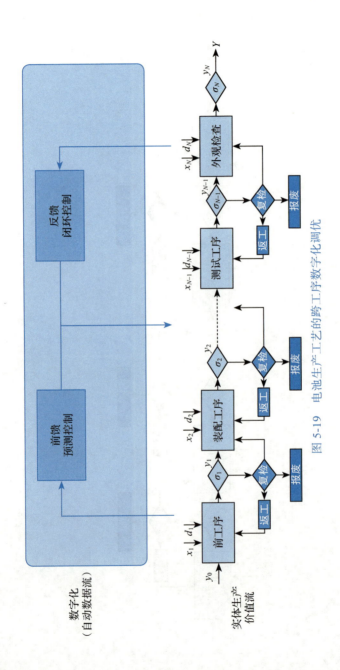

图 5-19 电池生产工艺的跨工序数字化调优

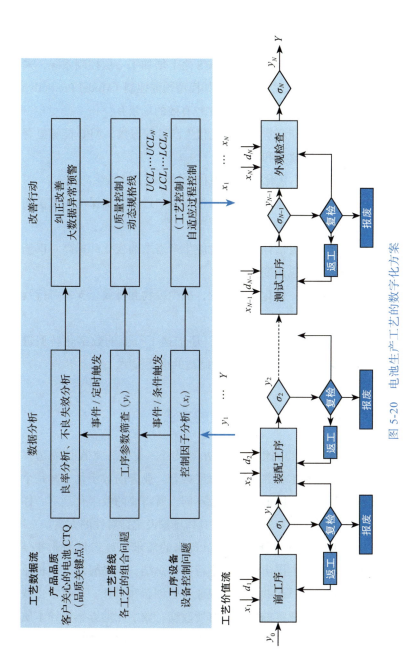

图 5-20 电池生产工艺的数字化方案

精细化工行业，通过高级过程控制（Advanced Process Control，APC）优化生产工艺。APC 在 DCS 之上增加了一层控制系统，采用更为先进的控制算法和策略，如模型预测控制（Model Predictive Control，MPC）、模糊控制等，比较有效的场景有：
- 提高效率和产量：通过优化生产过程参数，APC 能够显著提高生产效率和产量。
- 节能降耗：优化能源使用和原料消耗，降低生产成本。
- 提高产品质量：通过精准控制生产过程，确保产品质量的一致性和稳定性。
- 增强生产灵活性：快速适应生产需求的变化，提高对市场变化的响应速度。
- 减少排放：优化生产过程，减少废物和排放，支持可持续发展。

APC 不仅优化了生产过程，还加速了行业的数字化转型进程，是连接传统制造与未来智能制造的重要桥梁。

## 5.5 设计数字化业务方案的方法

数字化赋能的关键是业务方案设计。业务方案设计需选择合适的数字化技术，并与业务深度融合。业务的数字化方案是个性化的，业务在不同的阶段挑战不同，所需要的数字化是不一样的。数字化要以业务为中心，在具体场景设定针对性的方案。

但这并非单向承接业务人员提出的需求。数字化的业务分析，不是对业务方提出的需求进行归纳总结，而是要深入剖析业务，与业务人员一起共创，实现业务的创新和设计。在数字化技术的赋能之下，业务的做法会有所改变。数字化的方案设计本质上是技术创新与业务变革。我们不能直接针对问题选择数字化的技术，而要从业务的根本价值挖掘业务的底层假设，并看是否能创新突破。

### 5.5.1 设计思路的改变

数字化的需求来自实际业务的痛点，企业的资源和能力都是有限的，如图 5-21a 所示。实际的业务可能会遇到一些超过能力边界的场景，表现为业务的痛点和问题，如图 5-21b 所示。

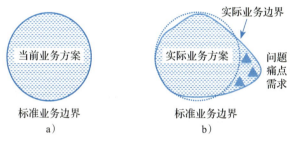

图 5-21 业务问题和常规解法

数字化转型中常见的误区是将图 5-21 中的"问题点"归纳总结形成需求，寻找数字化的技术来解决。然而，工业的问题比较复杂，人工智能技术看起来高大上，但是很难直接解决工业领域的复杂问题。数字化方案设计不能直接从用户需求开始，必须经过深度的系统性思考，才能把人工智能和工业应用结合起来。新技术只是提供了创新的可能性，但是要将"可能"变成"现实"，需要经过先破后立的两个过程"曲线救国"，如图 5-22 所示。

传统的工业是标准化的架构，各功能线性组合。数字化首先需要将业务拆碎成最基本的原子级要素，只有这样才能为数字化创造新的可能性空间。不破不立，破除的是业务习惯，将业务还原为基本的生产要素，但是保留了业务的基本内核。数字化的价值空间受限于业务变革的可能性，如果不能打破现有生产要素的组织方式，突破管理和业务的边界，数字化是不会产生价值的。

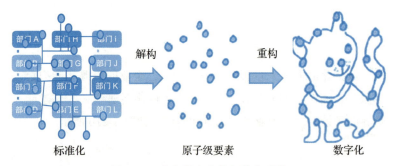

图 5-22　业务数字化的解构与重构

只有破是不够的，"破"只是创造了可能性，成功的数字化要在破的基础上构建新的组合。成功的数字化是对解构后业务元素的重新组合，依靠智能的算法，快速寻找最优的模式，甚至根据问题需要动态构建新的组合。解构之后的业务要素，被数字化技术以新的方式重新连接。数据驱动让生产要素动态组合，以突破现有业务模式的局限性。

数字化转型中的先破后立，是一对相生相克的矛盾体，虽然在根本上一体两面，但表现出强烈冲突。在这矛盾的冲突中，对工业化的解构就像企业在做头脑风暴，广泛地寻找创新的灵感，构成数字化的可能性空间；以数字化的构建，就是形成决策的收敛过程，在众多可能性中比较，快速形成最能抵抗不确定性的新组合。

其实，任何有机体的发展都有一对矛盾体，在发散与收敛的矛盾中延续，就像生命的 DNA 双螺旋结构。生命在细胞的死亡与重生中得以生长，物种在遗传与变异中得以进化，企业在对工业化的解构和数字化的构建中得以转型。工业化和数字化要有机地融合，类似 DNA 的双螺旋结构。数字化是一个先发散再收敛，并且持续迭代的互动过程。

不仅需要技术范式的变化，数字化也需要足够包容的文化。无论是传统的工业文化，还是年轻的互联网文化都过于单一。数字化需要能够容纳多元的文化冲突，又能够以更大的目标进行整合，将破与立的矛盾做法在文化层面、技术层面、管理层面整合为一体。就像中国文化有道家和儒家的两面性格，道家作为解构文化在朝代更替之际凸显，而儒家文化作为构建文化，长久维持统治与整合。在工业化盛行的时代，企业尤其需要寻找其解构文化，来支撑数字化转型战略。

## 5.5.2 设计流程的改变

在建设信息化系统时，人们习惯分为需求分析和软件开发两个阶段。图 5-23 展示了信息化系统开发的一般流程，业务分析专家通过用户访谈、业务调研，提炼和挖掘用户需求，并进行结构化整理后传递给开发团队。

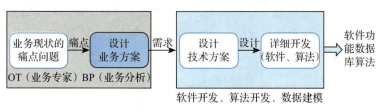

图 5-23 信息化系统的开发流程

需求分析和软件开发的两阶段模式构成了业务部门与 IT 协作的方式：业务人员负责提出需求，IT 部门负责设计和实现。然而，用这种上下游协作的方式推进数字化是远远不够的。数字化能创新地解决业务的难题，那些难以被传统方法解决的问题，可能因为数字化而找到全新的思路。这就要从对业务问题的经验式现象，深挖其深层次的问题。一方面回到业务的初心，以经营者视角，从业务价值出发；另一方面往深度思考挖掘业务的底层逻辑，在第一性原理的层面突破创新。如图 5-24 所示，数字化要从价值目标出发，分析底层逻辑，挖掘本质需求。

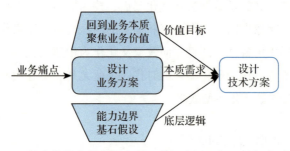

图 5-24　数字化从价值目标出发，分析底层逻辑，挖掘本质需求

本质需求需要我们透过现象看透本质，识别具体业务现象内在的逻辑结构和发展脉络。从第一性原理进行突破式创新的流程如图 5-25 所示。最重要的是对业务抽象建模，对业务的内在结构进行提炼并建立业务底层模型，就能借助多学科的知识和跨行业的经验，比较容易找到创新的技术元素，实现突破式创新。

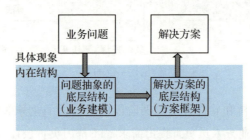

图 5-25　透过现象看本质的方案设计流程

### 5.5.3　数字化方案设计方法

我推荐的数字化方案设计方法如图 5-26 所示。当我们面对

业务的具体问题时,首先需要放下急于给出直接答案的冲动,通过深入思考,从业务的底层逻辑中挖掘出核心假设。或许在行业专家看来,这一步显得多余,因为他们认为底层逻辑是不言自明的。然而,数字化恰恰让我们重新审视自己,反思默认的业务前提是否在新的时代已经悄然发生了变化。如果能突破这些假设,从群体盲区中找到合乎逻辑的反共识点,就能设计出迥然不同的创新方案,实现真正的业务创新。

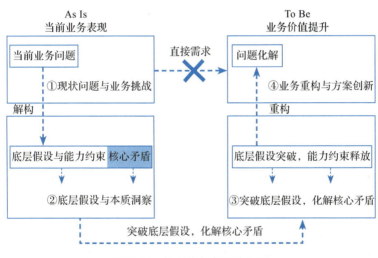

图 5-26 数字化方案设计方法

具体来说,业务的解构与重构过程包括四个步骤,如图 5-27 所示。业务解构从具体的矛盾入手,逐渐挖掘限制业务能力的底层假设。方案重构从突破底层假设开始,如果能寻找到突破底层假设的方法,就能逻辑推导出数字化的方案。为了降低风险,我们可以通过最简单,但是完整的方案验证数字化方案的有效性,然后再扩大试点的规模。

图 5-27　业务解构与重构的步骤

## 5.5.4　解构：从需求中挖掘真问题

看到业务中的问题，我们常以为使用新技术就能解决，并根据业务痛点和具体问题直接设计数字化方案。然而实际上，如果不经过深入的业务设计，很可能适得其反。图 5-28 展示了突破创新进行数字化方案设计的思路，不是简单地针对问题打补丁，而是从业务问题深挖当前业务的底层假设，从而找到突破的全新方案。

我们提出问题的时候，可能会暗含解决的方法。IT 部门为了设计和开发方便，也会要求用户提出明确需求。一个软件系统包含界面、功能、流程、数据等，用户常常从其中某个角度表达他们的"需求"，呈现形式可能是界面原型、功能描述、业务流程图或者数据字段、表结构等，如图 5-29 所示。这些都是对"方案"的描述，而不是问题本身。

想要挖掘真正的问题，就要在提出问题的时候适当"留白"，客观地描述真实的问题,而不立刻给出方案和回答。数字化真正的困难是重新定义问题,适当停下来问问为什么。客观描述问题让我们有机会往更深层挖掘底层的根因和矛盾,并为创造性的创新方案留有空间。

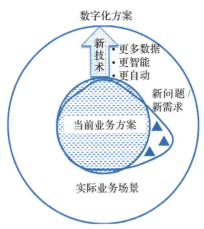

图 5-28 从问题出发设计数字化方案

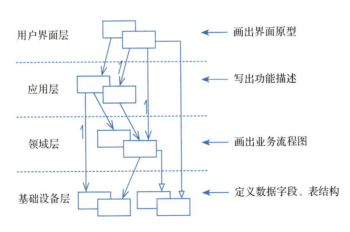

图 5-29 信息化系统的需求表达方式

业务部门会有一些"边缘人员",他们的本职工作可能是材料研发,但是个人对数字化和人工智能等非常感兴趣。他们了解本业务的问题和痛点,但是对新技术更感兴趣,会根据他们对数字化技术的理解,提出解决业务问题的数字化方案。一知半解的生搬硬套是危险的。

设计数字化方案需要对业务的本质洞察,以业务为中心,而非仅以业务人员为中心。不能仅对业务人员进行调研和访谈,要对业务方提出的需求进行深层次追问,尤其是那些长久以来没有解决的痛点问题,可能需要新思路,而不是把线下的做法搬到线上。

### 5.5.5 重构:从思维突破到创新设计

很多数字化的项目是从自己熟悉的技术开始的,技术至上容易忽略其根本的价值,也容易造成不必要的成本。

按照扎实的业务分析,既定的逻辑套路,我们容易避免常见的错误。

1)设定目标:是行业大环境稳定前提下的提质增效降本,还是为适应行业整体转型探索新业务?

2)解构业务:绘制业务价值链,突出增值环节和浪费环节,并用价值流连接。

3)识别机会:分析每个"浪费"应对的不确定因素,按变化速度分为快变量、慢变量、缓变量。

4)分析成本:评估不确定因素的数字化方案,权衡其成本和收益,按ROI(投资回报率)排序。

5)选择策略:按机会优先级设计数字化的分层架构,设计数字化消除不确定性的控制环路结构。

图5-30展示了业务优化的框架方案,围绕业务的目标,识别业务中间的浪费环节和改善机会,并选择最合适的最低成本的

数字化方案。数字化是企业的投资,需要考虑投入产出比。人工智能的技术发展很快,有太多的技术可以选择,选择最合适的技术,能用简单方法解决的,就不用高级的技术。

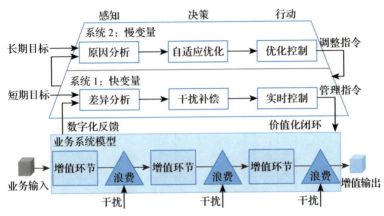

图 5-30　业务优化的框架方案

数字化是企业在商业竞争中的适应性进化,千万不要炫技。在数字化之前,企业也能正常运行,人工也能很好地处理信息,只是随着信息量增加,需要更有效的技术。如果进行了数字化,反而降低了效率,那么再先进也是落后。从最大的不确定性入手,是数字化最容易切入的角度。数字化并不是要一步到位,而是要逐步创新,感知市场竞争,进行技术创新,在恰当的时间引入最合适的技术。

### 5.5.6　业务数字化的设计模板

综合这些问题,给出一个数字化业务方案设计模板,如图 5-31 所示。

在具体设计过程中,可以参考以下问题,推进方案的深度思考。

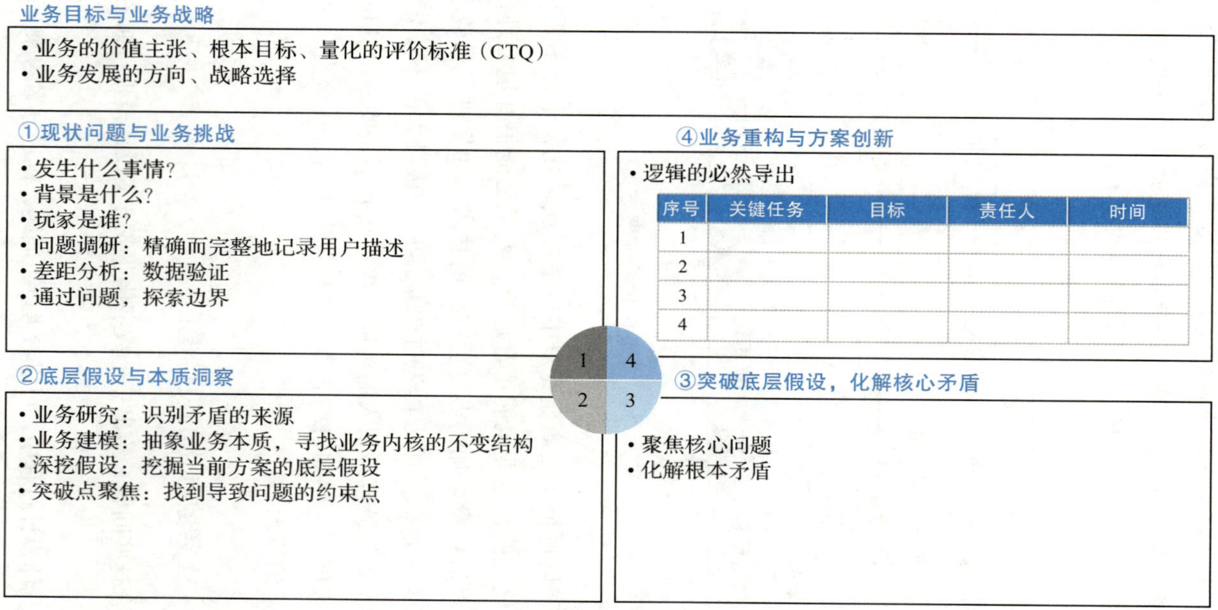

**业务目标与业务战略**
- 业务的价值主张、根本目标、量化的评价标准（CTQ）
- 业务发展的方向、战略选择

**① 现状调研与业务挑战**
- 发生什么事情？
- 背景是什么？
- 玩家是谁？
- 问题调研：精确而完整地记录用户描述
- 差距分析：数据验证
- 通过问题、探索边界

**② 底层假设与本质洞察**
- 业务研究：识别矛盾的来源
- 业务建模：抽象业务本质，寻找业务内核的不变结构
- 深挖假设：挖掘当前方案的底层假设
- 突破点聚焦：找到导致问题的约束点

**④ 业务重构与方案创新**

逻辑的必然导出

| 序号 | 关键任务 | 目标 | 责任人 | 时间 |
|---|---|---|---|---|
| 1 | | | | |
| 2 | | | | |
| 3 | | | | |
| 4 | | | | |

**③ 突破底层假设，化解核心矛盾**
- 聚焦核心问题
- 化解根本矛盾

图 5-31 数字化业务方案设计模板

1. **问题调研：从当前业务问题和挑战中识别主要矛盾**
   - 业务的关键目标是什么？
   - 请具体描述当前问题的表现，有没有数据能做定量化的可视化？
   - 一定要立刻解决吗？为什么问题拖到现在？如果不解决有什么影响？
   - 找他人讨论，寻求不同视角来定义问题。问题描述是否全面？前面的问题是否存在反面的问题？你期望理想的解决方案是什么？

2. **业务研究：追根溯源，深挖底层假设，识别矛盾的来源**
   - 当前业务是怎么达成目标的？哪些约束导致上述问题？
   - 业务的本质是什么？怎么建立业务的完整系统模型？
   - 当时设计业务方案的前提假设和底层逻辑是什么？
   - 哪些前提导致了现在的问题？

3. **突破关键：突破矛盾的底层假设，化解核心矛盾**
   - 为了满足业务的根本目标，哪些假设可以打破？
   - 该业务要素进行跨行业对标，有没有类似问题？
   - 还能不能找到其他方案？
   - 对比不同方案的优劣，是否能实现业务指标？
   - 对比不同方案的技术成熟度、实现的难度。
   - 考虑企业当前的技术能力，对比不同方案被接受的容易程度。

4. **方案创新：业务重构与方案创新，选择最简单的数字化方案**
   - 数据上，怎么扩大数据量？怎么增加新的信息？怎么提高数据流的速度？

- 算法上，怎么更充分地利用数据？人工是怎么决策的？决策的依据是什么？
- 执行上，闭环的速度要求多快？精度要求多高？是人工执行，还是自动执行？是否需要提高执行的速度、精度？

## 5.6 本章小结

本章介绍了数字化与业务结合的应用实践案例。首先提炼了不同程度的数字化所具备的特征；其次从最直观的集中监控，讲到最智能的适应智能优化控制，具体介绍了不同数字化程度的实践案例；最后介绍了将业务和数字化结合，形成业务数字化方案的方法论，并给出详细的调研问题清单和模板。

## 第 6 章

# 最小作用力下的敏捷迭代

数字化转型具有内生的不确定性和复杂性，风险较低的方法是敏捷迭代，即在快速试错的过程中找到最适合企业自身的数字化方案和转型的路径。回到基础学科，借鉴数学计算中的迭代法，敏捷迭代有三个要点：找到迭代变量和启动点、建立迭代反馈机制、确定收敛方向和结束循环的条件。

推进数字化要找到容易启动的切入点，快速启动并逐渐积累足够的动能之后，再逐渐拓展到更多的场景，推动更困难的变革。不确定性高的业务场景是数字化转型的最佳切入点。我们可以从大家公认的痛点中，寻找受不确定性扰动影响最大的场景。"伤其十指不如断其一"，尽量选取小的切入点，根据增强感知、决策和自适应闭环控制三个要素，针对性地设计数字化的方案。通过示范作用积累变革的动能，让大家真切地看到数字化的不同模式，以增强对数字化的信心。

要系统地推进敏捷迭代，从一个切入点进行概念验证（Proof of Concept，PoC），再逐步转化为有效的转型路径。也就是说，借鉴最小作用力原理，沿着"最速降线"进行迭代，找到推动变革最省力的路径，逐渐推进数字化、智能化的广度和深度。数字空间的构建是逐层深化的，需要先将感知的数据与行动关联起来，构成自动驱动的闭合控制回路，然后逐渐提高数字化的程度：从弱控制到强控制，从简单的智能到高级的算法。

## 6.1 放弃确定性蓝图，追求迭代式进化

数字化转型是应对高度不确定性的，模糊和复杂是数字化的本征特征，传统工业时代的手段无法有效管理数字化转型。

很多企业有建设信息化系统的经验，这些经验却是推进数字化的障碍。二者最大的区别是推进过程的确定性完全不同。数字化是企业面临高度不确定的复杂挑战时的选择，所以企业大概率难以在一开始就看清楚怎么做。数字化推进过程充满了不确定性，相比消费互联网，工业的数字化更加复杂，就像让大象跳舞，工业的体量比较大，产品复杂度高，对数据和算法的精确性要求更高。

数字化企业是个复杂的生命系统，要像教育小孩一样培育数字化能力，要把握住复杂培育背后的简单规则，而不是固守"成熟经验"。如果无法制定蓝图规划，就要设定基因；如果无法制订一年的开发计划，就要设定多个迭代循环；如果无法调研清楚需求，就要设定捕获需求的传感器。

### 6.1.1 从不确定性中获益

人类偏好确定性，然而，不确定性恰恰是组织进化的机会。

在与不确定性斗争的过程中，能够提升反脆弱的能力。正如尼采说的："任何不能杀死你的，都会使你更强大。"

在与不确定性的不断搏斗过程中，我们会发现提升的机会，增强适应的能力。让小矛盾充分暴露，如果能顺着小矛盾系统地挖掘深层次的原因，则能够见微知著，快速构建新的商业结构，及早尝试新的商业模式。

数字化加速了信息的流动，企业内部的信息流动有助于释放组织的创新力，潜在的需求能获得更好的方案。而企业外部的信息流动有利于更深入地开展开放式创新。将内外部智力融为一体，有可能形成超级组织。超级组织的强大之处在于其开放性，不是因为某个厉害的个体，而是因为异变的特性，持续进化。

### 1. 不确定问题的决策方式

数字化最具体的获益是决策方式的改变。传统工业企业追求严谨而明确的决策，而数字化使得我们面对高不确定性的复杂问题时，仍然可以做出提升成功概率的决策，逐渐消除不确定性的影响。数字化技术使我们可以从沿着一条思路的单向推理，转向多因素综合的权衡比较；从确定的因果推理，转向概率的模糊计算；从确定的强控制，转向概率的弱影响。

前者更像是机械的人造系统，而后者更接近人的自然决策。数字化不仅扭转了工业的技术范式，更扭转了组织的心智模式。工业心智是简单的机器思维，数字化心智是复杂的生物思维。

这种变化像是农耕文明面对游牧文明。历史上，生活在森林中的满洲人，是八旗合作围猎的。虽然人没有老虎、兔子跑得快，但是人们从八个方向合围一圈，逐渐往前缩紧包围圈，直到动物哪里也跑不了，就被逮住了<sup>㊀</sup>。满洲人的捕猎方式是高不确定

---

㊀ 阎崇年. 森林帝国 [M]. 北京：北京三联出版社，2018。

性环境下的独特生存智慧。

### 2. 从确定性决策到概率性决策

复杂问题具有较高的不确定性。虽然信息不完备时无法做出完美的决策，但我们可以借鉴满洲人的围猎方式，从不同的视角"围猎"问题，逐渐缩小可能性空间，直到收敛到可以采取行动。在实践过程中动态调整，只要不确定性的空间在逐渐缩小，削弱了不确定性的影响即可，而不必完全消除。

削弱不确定性的能力取决于系统的多样性。组织要更多样，能够采取的行动数量要超过不确定性带来的各种可能；组织要更灵活，变化速度要比不确定的因素更快。这样才能快速补偿扰动，消除不确定性的影响。

### 3. 从线性决策到复杂决策

传统工业的理性决策下，从原因到结果的推理是单向的。典型的线性决策算法是决策树，沿着一条决策路径纵深到底。

数字化之后的决策可以随时动态调整，具有反馈的回路。这样能将复杂问题化为多次迭代的简单问题，用迭代的方法逐渐逼近理想解。

## 6.1.2 数学中的迭代原理

如果无法立刻求解一个复杂问题，我们可以考虑迭代的方法。回顾数值分析中的牛顿迭代法，它可以启发我们敏捷迭代地推进数字化。

在计算数学中，"迭代"是通过从一个初始估计出发寻找一系列近似解来解决问题。与迭代法相对应的是直接法（一次解法）。对于解方程问题，当方程比较简单时，可以由求根公式直接得到解析解，一次性解决问题；但是对于复杂的方程，并不存在求根公式（例如五次以及更高次的代数方程没有解析解，参见阿贝尔定理）。牛顿在 17 世纪提出一种逐次迭代的方法，它可以求解任意方程的近似解，如图 6-1 所示。

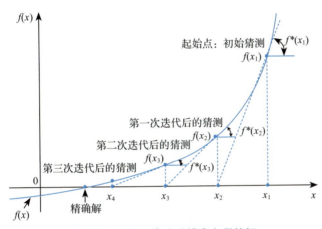

图 6-1　牛顿迭代法试错求方程的解

在此之前，研究方程的解与系数的关系，对高次方程无法得出结果，而牛顿迭代法打破了这种钻牛角尖式的思路，通过有策略地试错，不断用变量的旧值递推新值，利用递推公式或循环算法，通过近似解逐渐逼近精确解。

"迭代"是在行动中学习的过程，通过实践在反馈过程中逐步解决难题。使用迭代算法解决问题时，需要关注以下三个关键方面：

1）确定迭代变量和初始启动点。在可以用迭代算法解决的问题中，至少存在一个可以不断由旧值递推出新值的变量，这个变量就是迭代变量。要对迭代变量设定一个初始值，作为启动点。

2）设计迭代算法，建立迭代反馈机制。迭代算法的核心在于迭代关系式，通过递推或倒推的方式，确定由前一个值推导出下一个值的公式或关系。这一关系式为我们依据行动反馈调整下一步策略提供了依据。不同的迭代策略和反馈机制会显著影响迭代过程的收敛速度、效果和稳定性。因此，设计合理的反馈机制是确保迭代过程有效运行的关键。

3）对迭代过程进行控制，确定收敛方向和结束循环的条件。迭代过程需要设定明确的结束条件，以避免无限循环。当某个预定的误差范围或目标条件满足时，迭代应停止，以确保算法朝着正确的方向收敛并获得稳定结果。

### 6.1.3　迭代复杂问题的应对策略

工业数字化转型中，比"深度思考"更重要的是快速行动与迭代学习的能力。数字化具有内生的复杂性，可以从两个维度度量问题的复杂性，如图6-2所示。

- 静态结构的多样化：复杂涉及的因素众多，并且因子之间的关系不连续。
- 动态模式的不确定：行动之前难以预测结果，决策的前提无法被预先锚定。

数字化需要以全新的应对策略来应对复杂性，对于图6-2中两个维度的挑战，可以采用的策略如图6-3所示。当问题涉及复杂多样的因子，并且因子交叉耦合的时候，精准的信息反而容易产生误导。"一叶障目，不见泰山"，这时候要将信息量沿着大致正确的方向适度模糊化，宁要模糊的正确，不要精确的错误。对于高度不确定的场景，计划永远赶不上变化。既然行动的结果难以预测，就需要尽快跨出第一步，在实践的反馈中学习，通过迭代进化调整策略。其实，人的成长就是在不断尝试中持续学习，在实践中获得智慧。教育心理学鼓励学生探索与尝试，通过玩耍与游戏，孩子们能真正学会掌控自己的生活。

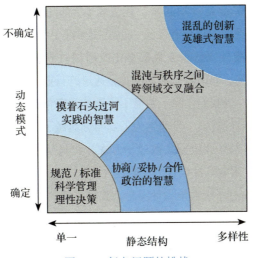

图 6-2 复杂问题的挑战

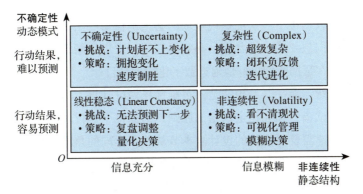

图 6-3 复杂问题的应对策略

## 6.1.4 从不确定性最大的场景开始

启动数字化的最佳切入点,是不确定性最大的业务场景。虽然是"摸着石头过河",但是仍然有一些明显的条件。选择不确定性高、价值流大而价值链短的场景,比较容易体现数字化的价值。变革的关键是行动起来,让大家看到价值。看到效果之后,我们会获得更多的信任和支持,也就能累计更大的势能。

智能制造与智慧服务是数字化应用相对成熟的场景,有很多经验可以借鉴。即使是失败的经验,通过跨行业借鉴,也可以帮我们少走弯路。当我们排除了明显不靠谱的数字化路径时,也许可以更快地找到最佳方案。爱迪生为了发明灯泡做了上万次实验,面对质疑时,他说:"我没有失败过一万次,我只是发现了一万种行不通的方法。"工业产品设计的实验设计方法(Design of Experiment,DoE)就是通过系统性地设计实验,找到最佳的设计组合。

## 6.2 敏捷迭代的机制

逐渐逼近、迭代式的变革,并非盲目试错,而是要确保每次的经验教训被下一次的迭代吸取,必须确保每一次的迭代逐渐收敛到我们想要的最终状态,必须保证每一次增加新资源的时间投入,都在帮助我们更好地逼近数字化的远景目标。

虽然不能一开始想清楚,很难预先做好计划,但仍然需要有章法的试错,预先设定试错的原则,确保整个迭代过程是持续进步的,这需要更高阶的设计。本节从几个不同的角度解释迭代的底层机制,启发大家对底层机制的思考。

这些不同角度的解释,其本质是相同的,与自然进化很类似,包含两个关键步骤:

1)最小的迭代单元,遗传和继承了祖辈的基因。
2)自然选择,以一定的标准选择最佳的方案。

### 6.2.1 PDCA式的迭代机制

工业企业广泛应用的PDCA(Plan-Do-Check-Act)流程,是持续改进的过程。从 PDCA 的角度比较容易理解迭代的机制。当一个新方案被验证为有效之后，就被固化为标准化的管理流程。随着时间的推进，又针对新的质量改进点进行新一轮的迭代改进。发动全体员工的群体智慧，在实践过程中改进质量。

对于高度复杂和不确定的数字化转型，可以依循 PDCA 中的迭代环路，敏捷推进。理性的数字化进程应是随需而动，根据业务不确定性的程度，及时迭代升级，如图 6-4 所示。永远使用合适的技术，而不是最好的技术，最炫最酷最潮流的"高大上"技术并不能转化为业务的实在价值。

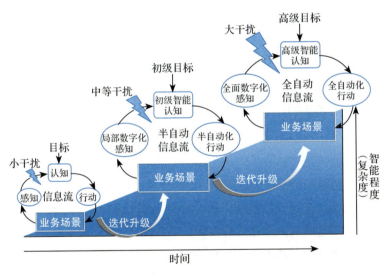

图 6-4 敏捷迭代推进数字化

## 6.2.2 闭环控制的迭代机制

精益生产追求持续改进，但主要围绕管理活动，人工发现问题、分析问题，并持续改进。闭环负反馈控制不依赖人，由算法自动分析数据，不仅能快速决策，还可以自动学习和迭代，改进调控的方案。

进入智能时代之后，数字化的技术可以取代人，自主进行PDCA，如图6-5所示。软件可以根据行动的效果反馈进行自适应调整策略，自我迭代改进，形成敏捷迭代的演化进程。基于数字化的敏捷迭代，企业像是插上了新的翅膀，能够应对更大的不确定性挑战。

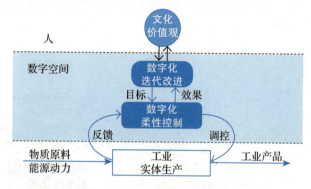

图6-5 以迭代的机制实施数字化

数据驱动的持续改进有两方面的价值。

- 将人工迭代的经验由软件沉淀，可以减少人员成本，更高效地执行人工迭代的策略。
- 当外部环境有大的变化和扰动的时候，可以依据类似的迭代机制，数字化会比人工更快速地收敛到最优模式。

### 6.2.3 自组织式的迭代机制

迭代和试错并非在没有头绪时的盲目尝试。恰恰相反，敏捷迭代需要更高级、更复杂的设计。在控制理论中，迭代是闭环反馈的循环过程。转型在移动系统的稳态工作点进行，如图6-6所示。

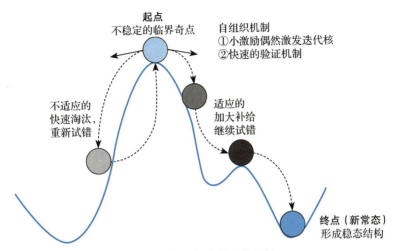

图 6-6　自组织式的迭代机制

迭代源自传统的业务遇到新的挑战，如果不进行数字化的变革，传统的业务模式可能会失去稳定性，压力积累的势能触发了数字化变革的尝试。

敏捷迭代是找到新常态的过程，迭代的机制包含两个基本规则。

1）发散：用一些小的激励激发基层员工自主创新，产生各种新想法。其中一些想法凝聚为迭代核，作为迭代的起点。

2）收敛：从结果出发，判断各种想法尝试的效果。用最终的价值作为衡量的标准，看各种数字化方案是否能解决业务的痛点。注意：不是要完全做出来，而是能验证关键假设即可。这里的关键是快速反馈、快速迭代，类似物种遗传变异过程的适应性判据。如果不适合的要快速淘汰，避免浪费资源；而适合的要加大补给，构成正反馈。

当寻找到新的稳态结构时，结束迭代过程，将找到的方案固化为标准化的流程。

## 6.3 最小作用力原理

任何变革都会遇到阻力,变革的力量越大,阻力也会越大。作为根本的范式变革,数字化转型会面临全方位的阻力。

推进数字化最大的阻力,并不是数字化的技术,而是原有业务的洞察不够深刻。然而,让业务人员承认这一点是非常困难的。要想真正改变业务,需要以柔克刚的智慧。以最小作用力原理,选择阻力最小的路径,尽量避免不必要的阻力和反弹。

### 6.3.1 复杂问题的简单解法

虽然数字化看似复杂,但与现实生活相比其实是相对简单的,业务的复杂性更加庞大且难以预测。数字化转型的困难往往并非源于技术本身,而是源于数字化正是为了解决企业中复杂的问题。

面对这些复杂问题,反而需要寻找简单的解法,数字化或许正是当今企业应对复杂挑战的简单解法。当前,企业的主要挑战来自系统性的不确定性,而数字化能够通过智能技术、数据驱动和实时反馈,优化资源配置。企业借助大规模定制的灵活生产模式能更好地服务客户。在这种模式下,智能化成为新的能力优势,通过智能化手段提升产品和服务的附加值,而不再仅仅依赖规模来竞争成本优势。

#### 1. 学习大自然的智慧

大自然遵从简约原理可能是因为经过亿万年优胜劣汰的演化,只有那些"聪明"的最优形态被保留。自然而然形成的结构很少是直线,比如图6-7中水滴的形状、大肠表面的形状。在生物进化过程中,蚂蚁的最佳觅食路线居然与光速传播路线一样。

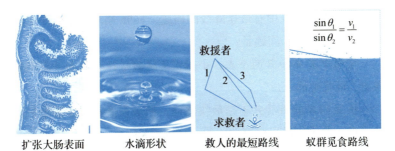

| 扩张大肠表面 | 水滴形状 | 救人的最短路线 | 蚁群觅食路线 |

图 6-7 自然形成的非直线优化结构

企业存在的商业时空也是不均匀的，最快的路径不是直奔目标，而是随阻力及时调整方向，才能维持当初设定的方向。我们要坚持的是最终目标，而不是具体的实现路径，最有效的变革很可能是"曲线救国"。撬动数字化的变革，要像庖丁解牛一样，以最小作用力追求复杂问题的简单解法。直奔目标一开始很快，但是在遇到很多现实的困难时，速度就逐渐变慢了。

### 2. 变革的最小作用力原理

人们很早就观察到自然界中的优化现象，并通过模仿大自然而获得很多古老的智慧。"自然是简单的"这个观念深深地植根于人们的审美思想价值中，对它的理解常常以神学的形式表现出来。直到近代才提出简约原理，并建立了寻求最优路径的数学变分法。

英国哲学家奥卡姆提出奥卡姆剃刀原理，"如无必要，勿增实体"。19世纪的数学家哈密顿将这个朴素的生活智慧科学化。20世纪之后，简约原理规范化后被广泛应用，哲学家用来讨论知识论和归纳推理，生物学家用来研究生命系统演化。基于简约原理的最优传输理论，被用于完善人工智能和机器学习的理论基础。

为了讨论数字化转型的最佳路径，我们回顾最优化的基本思

路。在物理的系统中有最速降线的问题,1696 年由瑞士数学家约翰·伯努利提出,问题是:

空间中有 $A$ 和 $B$ 两个点,小球以怎样的路径从高点 $A$ 滚到低点 $B$,所花时间最短?

从 $A$ 到 $B$ 的直线并不是最快路径,伯努利借鉴光学的最短路径原理,给出了最短路径的曲线,如图 6-8 所示。

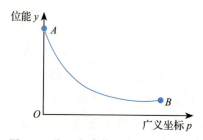

图 6-8  从 $A$ 点降落 $B$ 点的最速降线

简单来说,保守系统中的真实运动总是使总体拉格朗日作用量最小,这就是哈密顿原理。拉格朗日作用量通常是动能减去势能。

$$I = \int_A^B \zeta \, dt = \int_A^B (T - V) \, dt$$

式中,$\zeta$ 是拉格朗日量;$T$ 是广义的动能;$V$ 是广义的势能。

为解决这个问题而发展出来的数学方法具有极强的普适性。现在,哈密顿原理成为物理学中最基本的原理,几乎所有的物理学理论都能归结于最小作用力原理,并利用变分法这个数学工具将彼此统一起来。不论是牛顿力学、麦克斯韦电动力学、玻尔兹曼统计力学,还是狭义相对论、广义相对论、量子力学以及一些量子场论,这些物理理论的核心方程都能从哈密顿原理导出,以最小作用力原理为出发点,通过变分运算而导出物质系统的运动方程。

## 6.3.2 人体组织的隐喻

物理世界中,有两类损耗:摩擦损耗和反射损耗。物理世界中,光经过不同的物质会发生反射。推而广之,在一般的系统中,有两种类型的阻力。

- 同质系统,直流的摩擦阻力。同质系统的传播主要是直流形式,直来直去,相应的损耗就是界面之间的摩擦阻力,自然长期存在系统,几乎包含周期性波动的流通,如大海的海浪、人体的血液、电网等。
- 异质系统,交流的界面反射。异质系统的传播以交流波动为主,因为交流波动损耗小,适合远距离传送。波沿多个层级结构流动时,遭遇分支节点就会部分反射而损失,只有剩余部分能继续传至下层。因此,分形的结构、脉动交流的动力源最有效。

人类经过亿万年的进化,人体中包含了这两类结构,如图6-9所示。

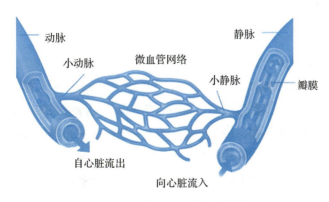

图6-9 人体组织中的分形结构

人体循环网络的几何结构不断进化,保证网络中的任何分支点都不存在反射现象。血管的每一个分支半径，是其下一分支半径的$\sqrt{2}$倍，如图 6-10 所示。人造系统中，电网巧妙地匹配上下游网络的阻抗，消除反射，提高电力的远距离传输效率。

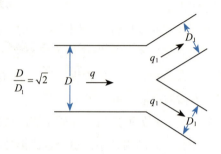

图 6-10　人体组织分形的最小作用力原理

数字化转型需要建立一定柔性的组织，像肌肉一样能够自由地调整，这是为了加强组织对外部环境和外部结构的适应性。肌肉是可以再生长的，通过肌肉的再生，人体组织拥有了强大的反脆弱能力。

### 6.3.3　减少转型的阻力

数字化转型的过程是新的信息处理技术和对数字世界的新认知在组织内传播的过程。这个过程中会产生新旧两种文化的异构融合与冲突。工业生产中，新的认知经过不同理解的部门也会发生反射而带来损耗。构建一致性的文化能减少异构界面之间的摩擦，大家对数字化的理解在一个层面，有助于在一个层面就事论事地讨论问题。否则，大家容易各说各话，不仅带来损耗，更有可能激发和放大无中生有的误解。

借鉴最小作用力原理下的最速降线，我们可以设计数字化转型的最佳路径：在启动阶段选择小场景引发和启动转型，在过程中要加速反馈迭代，筛选有价值的最佳方案快速规模化推广，如图 6-11 所示。

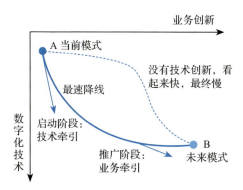

图 6-11　最小作用力原理下的数字化转型

自然界的智慧是光经过不同速度的介质时，会发生折射。费曼原理证明了这是时间最短的路径。同样，推进数字化转型，也要善用曲线救国的路线，学会打太极的中国智慧，很可能慢就是快。越是异构的界面，越要有大的折射角度。这对现代工业和现代管理，都是巨大的挑战。

## 6.4　本章小结

数字化需要应对不确定性，因此无法在数字化转型之初就制定出非常清晰和具体的计划。面对难以预测的不确定性，我们只能快速调整，敏捷迭代。

这种做法与传统工业追求标准化和规模化大生产不同，但是在生物进化过程中却很常见。生物在发展和进化过程中充满了不确定性，通过代际迭代的遗传变异机制，许多物种成功跨越了第四纪冰川期，适应了环境气候的变化。人类历史上，游牧民族也依靠不同于农耕文明的特别敏捷性,获得了良好的发展。

迭代本质上是在信息不足的不确定性条件下不断优化的过程,而每次尝试和行动,又会带来更多的信息。本章不仅从生物学和社会学中得到启发,借鉴了生物进化和游牧民族的生存智慧,还从数学中的迭代原理和科学上的最小作用力原理,探索了数字化迭代演化的底层规律。其实,画家素描的过程也是如此,先轻轻涂抹,逐渐形成轮廓,最终从许多尝试的线条中凸显出最合适的轮廓,逐渐加重。

理解了敏捷迭代的原理,工业企业在数字化转型过程中才能在"方向大致正确"的前提下勇于行动,并在每次行动后及时总结,快速进化。在高度不确定性的时代,快速学习的能力比你掌握什么知识更重要,快速迭代的能力比你拥有的技能更重要。

## 第 7 章

# 突破创新的数字化研发

本章讨论的研发数字化是智力服务、创意创新的数字化。从运营端的制造和服务到产品研发，业务的复杂度和不确定性越来越高。研发的数字化可以提升研发效率、改善研发流程。数字化成为研发的底层技术，可以更深度地嵌入研发活动内部，成为研发业务内生的部分，从而改变研发创新的方式。

运营和制造转型仍以之前的业务为主，数字化变革为辅。而研发的数字化则是面向未来的业务，技术要素和创新方式可能会对业务产生颠覆式改变。

## 7.1 语言变革：专家的应用型编程

语言是智能的基础，语言内在的结构决定了我们思维的结构。正是意识到语言对思维的作用，20 世纪的哲学发生了"语言学转向"。

没有恰当的语言，人类很难进行有条理的理性思维。以色列历史学家尤瓦尔·赫拉利在《人类简史》中提出，智人经历了一场认知革命。人类语言独特的功能是虚构故事。人类在自然界中并不是最强大的，但是人类独特的语言引爆了认知革命。自然界中，只有智人能够表达关于从来没有看过、碰过、耳闻过的事物，而且讲得活灵活现。通过故事，人们可以一起想象，无数陌生人开始"合作"，智人因此建立起了地球上前所未有的大型合作网络，以令人瞠目结舌的速度发展。

### 7.1.1 面向专家的编程语言

日常用语是人类生活中交流的语言，无法精准表述工业领域的专业知识。专业问题需要专门的术语才能精准而简练地描述，专业术语是专家们交流的语言。

一门新学科创立的标志，始于定义新的概念体系，并围绕该概念体系重新表述观察现象，提出新的研究问题、科学假说和原理。我们学习任何新学科时，第一关就是基本术语。每个学科都有一些基本的概念，不对这些概念有深入的理解，就很难充分了解专家们在讨论什么。

医生有医生的"行话"，工程师有工程师的"行话"。各专业的"行话"决定了不同专业的思维结构，个人要是不会讲"行话"，就不像是真正的专家。专业词汇既方便了专家之间的交流，也构成了不同专业之间的壁垒和障碍，禁锢了知识跨专业的流动。

数据是抽象的，没有具体学科的专业属性。如果能用数据来表述各种学科的专业领域知识，不仅能打通机器与专家之间的鸿沟，让机器更好地理解专家的领域知识，更能让不同专业的人听得懂彼此的语言，让禁锢在有形硬件中的知识流动起来。

### 1. 三种工业场景下的语言

一般而言，工业企业的问题可以分层讨论。不同层级的人关注的问题不同，他们语言的词汇、结构都有很大的不同。如图 7-1 所示，宏观、中观和微观的语言各不相同。

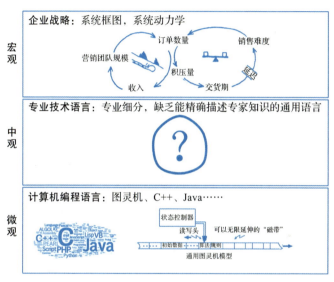

图 7-1　三种工业场景下的语言

宏观层面的问题非常复杂，必须从大量信息中提炼关键，并从具体问题中抽象出内在逻辑和主要矛盾。我们需要一套精确而简洁的符号语言进行思考和讨论，而系统科学恰好提供了这套术语和符号。彼得·圣吉在《第五项修炼》中采用了系统动力学框图，对企业战略进行建模和系统性分析。此外，还有一些成熟的系统仿真软件，通过基于模型的模拟和仿真，可以简化我们的复杂决策过程。微观层的具体工作也有比较通用的语言。对于可计算的具体问题，我们可以用计算机语言来描述。图灵机是计算的通用语言，无论什么编程语言，编译之后都是计算机上的二进制语言。

中观层缺乏精确的通用语言，这也是数字化转型最迫切需要的。在这一层，专家采用各自专业的独特术语，缺乏规范化的通用语言。从复杂度的角度看，描述中观尺度恰恰是更复杂的。图 7-2 对比了不同视角的复杂度。

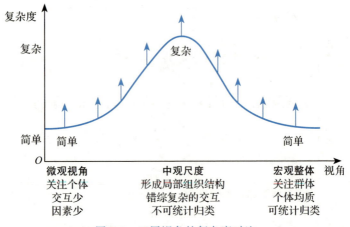

图 7-2　三层视角的复杂度对比

微观视角的问题可以化整为零、分而治之。在具体的应用场景和技术领域，只需要关注个体及其周边的因素，综合每个领域的分析。在实验室设计受控的实验，可以充分掌握各专业领域的知识，这是当前工业界技术研发的主流方法。

宏观视角关注群体的总体属性，而忽略个体的差异，就像热力学的研究，虽然涉及大量个体，但是可以假设个体之间没有太大差异，通过归类、平均获得总体统计特性，从而简化我们的分析思考。进一步，系统论提供了宏观动态分析系统的工具和方法，20 世纪 90 年代后，系统动力学被用于企业战略分析。

恰恰是中等规模的问题比较复杂，个体的差异显著，交互关系复杂，并形成局部的组织结构。这一类问题，缺乏恰当的语言来描述和讨论，用专业词汇过于具体和细节，而宏观讨论又不足以精确描述复杂关系。

深度的数字化需要一种中间语言，工业领域的专家可以无障碍地自由表达自己的思想，数字化专家不需要翻译就能听懂，计算机也能自动将专家的思想转化为可以执行的计算机软件。

### 2. 低代码开发

虽然编程技术不断发展，但是现在的编程语言还比较"低级"。编程语言是面向计算机设计的，即使使用高级语言，仍然是面向计算机设计的。编译器虽然能自动将高级编程语言翻译为机器语言，但是一切实现细节在编程时都需要考虑到。业务专家依赖计算机专家来实现其设计意图，用自然语言描述设计的意图，由专业的程序员来开发软件，如图7-3所示。

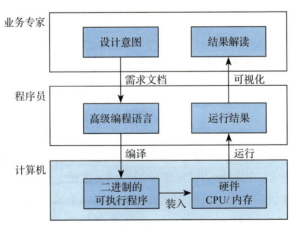

图 7-3　软件开发过程

业务专家可以用自己熟悉的专业语言直接设计软件吗？低代码开发平台试图实现这一目标，程序员开发软件的环节被低代码平台自动实现，专家的设计直接被转化为软件代码，编程的门槛被大大降低,如图 7-4 所示。

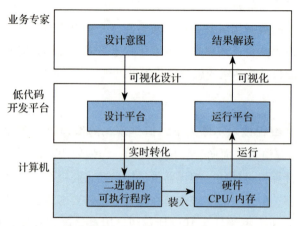

图 7-4　基于低代码开发平台,专家直接设计软件

目前的低代码开发平台能实现的功能还比较有限,随着数字化技术的发展,未来可能产生抽象级别更高、对专家更友好的专业语言,让他们能够快速将想法转化为可以执行的代码,更有效地实现他们的创意,释放专业技术人员的潜力。

## 7.1.2　ChatGPT 成为新的生产工具

2022 年底,OpenAI 发布 ChatGPT,立刻引起广泛关注。AI 对自然语言的理解能力已经能够通过图灵测试,生成的自然文本已经能够以假乱真。大模型在自然语言处理上的成功激发了人们对 AI 更多的期望,各行各业都在考虑怎么在自己的业务中使用新一代的大模型和新一代人工智能技术。

在工业领域,如何将大模型与业务结合?我认为不是像 ChatGPT 一样找各种知识问答的场景,ChatGPT 只是展示了 AI 的能力,而 AI 与工业场景结合的最佳形态,还需要深入业务的内在逻辑去探索。未来，大模型会成为专家的新工具，作为专家的 AI 助手，更好地理解专家的思想和设计意图，并转化为软件代码直接实现。这会从根本上改变 IT 部门与业务部门之间的分工和协作方式。

一般企业的 IT 部门会有 BP（Business Partner，业务合作伙伴）人员，用于桥接 IT 部门与企业其他业务部门之间的沟通，负责理解业务需求，同时优化业务流程，并提出和实施 IT 解决方案来支持业务发展，这个角色需要同时具备深厚的 IT 知识以及对业务的深刻理解。业务需要创新与优化的时候，专家可以像跟人交流一样，直接用自然语言告诉 AI 自己的意图，不再需要 IT 部门的 BP 人员做翻译。

编程实现也容易了很多，ChatGPT 具备强大的编程能力。现在你可能不需要程序员去编程，专家直接告诉 ChatGPT 设计思路，就能得到可以执行的高质量代码。以前设计业务的数字化方案时，不仅要考虑业务逻辑和功能设计，还要兼顾技术实现的可能性和便捷性，会用 Python 写程序似乎代表了会用 AI。使用 ChatGPT 辅助数据分析，原来需要编程的复杂数据分析难度逐渐降低，未来大数据分析可能就像 Excel 一样成为普遍的技能。而深刻理解问题、提炼和定义问题变得更加重要。

以 ChatGPT 为代表的大模型把人工智能的能力推到一个新的高度，各个业务的数字化转型更考验专家们的专业能力，看他们对自身的业务是否真正有深度的理解和洞察。AI 和大模型成了专家的新工具，这就像画家创作，他得自己会用画笔一边画一边想。很难想象画家自己不能使用画笔，而是通过 BP 翻译自己的想法去创作。专家直接使用 AI 工具，可以更深入地挖掘业务改善的更深层、更有价值的机会。当新工具的新鲜感退去，技巧和手法不再重要，设计和心法更加重要。

### 7.1.3 对专家友好的人工智能

虽然机器可以从数据中自动学习,但是学习所依赖的样本需要大量人工进行标注。目前,人工标注的方式非常呆板。能否让算法观察人的行动,从人类活动中学到人的智能呢?这需要机器充分理解人的行为,解释人的行为,并将非结构化的过程进行梳理,转化为结构化的数据,并从中提炼必要的训练数据。

知识是分层次的,高水平的专家善于提炼出关键的要素和核心的规则,这些往往是难得的洞见。这就像我们阅读一本书时,需要先把书"从厚读薄",把握作者的思路和精髓。对专家友好的人工智能可以让专家专注在更高的抽象层次进行思考与设计,如图 7-5 所示。专家可以忽略细节,只关注在核心思路上,追索内心牵引灵感与创意的思绪,而相关的细节会由生成式的人工智能算法自动填充细节。这就像再把书"从薄读厚",AI 可以举一反三地填补更多细节。

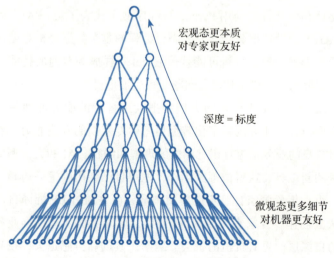

图 7-5　对专家友好的人工智能

思想的语言是不同的，专家将创新的思想转化为工程技术语言，本质上相当于翻译者。未来这种直接的翻译是有可能被机器和算法取代的，人要更聚焦在原创的思想上。真正的创新是思想的创新。产品中真正的核心技术可能不到百分之几，专家大量的工作只是将这些思想翻译成机器语言。

类比互联网的七层网络协议，形成不同分层的语言模型，如图 7-6 所示。专家之间交流的语言就像网络通信的协议，不同层级要描述的对象颗粒度不同，使用不同的概念、术语，并且以适合本层内容的方式（对应这一层的语法）来组织成上下文的语义。具体的语义，又可以细分为思想理念、基础理论、创意和概要设计。目前在语义层缺乏一套面向专家的语言，能够兼顾表达精确和沟通高效。

一个产品的典型研发过程包括概念设计、概要设计、详细设计、测试验证、批量生产等环节。原始的创新在流程的前面，而随着项目推进，越往后期，越机械，而这些机械的环节，相当于翻译，将来很可能会被机器取代。

创意的过程也是这样。艺术创作既有大量的创意，也有大量细致而烦琐的细节。数字化辅助创意，不是代替专家进行创造活动，而是能呈现专家难以表达的模糊创意。如果说 CAD 是专家设计结果在计算机上的呈现，数字化研发可以让计算机帮助专家协同思考，计算机成为他们思维的工具和创意的基本方式。

## 7.2 逻辑变革：人机协作的工业智能

数字化不仅改变了我们理解和加工信息的方式，还有潜力重塑我们的推理方式。

数据本身并没有意义，数据所蕴含的意义依赖人来解读和

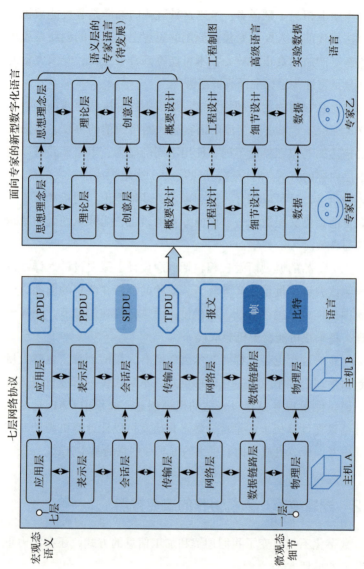

图 7-6 面向专家的新语言

理解。人通过思考，分析信息的真正内涵，并形成决策，采取行动。几千年来，人类思考的方式并没有大的变化。受限于记忆的容量和思维能力，人是有限理性的，很多结论是本能的反应。随着信息量的增加，我们可以突破在信息匮乏年代建立的逻辑推理和形式化推理方式。在大数据驱动下，知识发现过程也将产生重大改变。随着数字化技术和人工智能的发展，机器和算法有可能改变人们思考的方式，人机协作能大大拓展人的理性思维能力。

### 7.2.1 知识的结构

如果说数据是事实的集合，信息是数据的集合，那么知识就是信息的集合，使信息变得有用。知识是从相关信息中过滤、提炼及加工而得到的有用资料。专家是基于大脑中的知识来进行决策的。

知识的数字化，经历过几个阶段。

1）20世纪60年代，语义网络被提出来表达有含义的知识。早期的人工智能特别关注知识表达，并通过推理机模仿人脑对知识进行处理。

2）20世纪80年代，语义网络发展成为专家系统和知识工程。用知识的领域语言，可以将专家的经验整理为知识引擎中的规则。

3）现在，最新的知识表示方式能把孤立的知识点通过网络图谱连接起来。将零散的信息进行关联和结构化整理，才能构成有价值的知识。如图7-7所示，知识的结构比知识本身更重要。算法对数据进行加工、提炼，发现知识的结构，揭示信息的语义。在图谱的关系网络中进行搜索，等同于知识的推理。

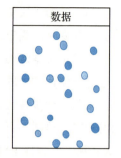 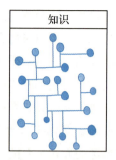

图 7-7 从无结构的数据到结构化的知识㊀

## 7.2.2 从专家知识到算法模型

沉淀专家的知识和经验是很困难的,因为人的思维结构和计算机的结构并不完全相同。随着数据量的增加,基于数据驱动的模型有可能达到不亚于专家规则的效果。

如图 7-8 所示,从专家知识到数据模型可以梳理常见的知识和模型,用因果性的程度将"智能"算法分类,评价算法模型的有效性。基于物理机理的算法类似演绎法,依赖专业知识和人工经验,具有明确的规律和因果关系,可解释性和泛化能力最强。而数据驱动的算法类似归纳法,需要大量的数据和样本,可解释性和泛化能力都比较弱,统计分析只能把握一些宏观规律。

专家的知识非常精练,往往需要长期观察,或者进行大量的受控事件,才能建立确定性的规律。专家将其经验提炼为规律,转化为计算机模型。基于机理的算法模型,能精准预测动态过程,其建模的过程复杂,成本很高,往往需要专家多年的积累。这是建立领域知识的白盒方法。

从数据挖掘中建立的数值模型,也可以"暴力"提炼出规律,

---

㊀ 图片来自互联网,最初由 Tim MacDonald 绘制。

甚至发现专家不了解的潜在规律，其底层支撑是唯象理论。唯象理论是实验现象的概括和提炼，但仍无法用已有的科学理论体系解释，难以精准预测动态过程。

图 7-8　算法的类别

长期以来，科学研究和工程实践都需要分析清楚物理的机理，并形成不同专业领域的理论或者规则。大数据提供了从实践样本提炼规律的新视角。从这两个角度出发，形成算法开发的两类方式，一类是依赖物理机理，另一类是依赖大量的观察数据，中间是部分依赖机理、部分依赖数据的综合方法。图 7-9 结合了算法的类别和算法的因果层级，提出工业场景各种算法的框架，图 7-9 中左侧象限是依赖观测数据的算法，右侧象限是依赖物理机理的算法。

数字化转型中的技术和算法复杂度是沿着因果阶梯的层级从简单到复杂推进的。初期，人们只片面地关注数据或算法，通过搭建数据平台，能够从数据中看到问题，虽然初具智能的特征，但是效果并不显著。当人们关注数字化的价值和效果时，就需要第二层算法，通过寻找影响结果的控制变量，利用算法达成降本、增效。随着人工智能的发展及在工业界的应用，机器学习越来越多地融合工业机理模型和数据统计，算法的复杂度进一步提

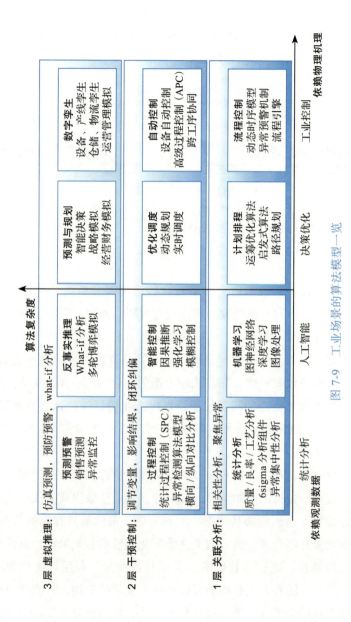

图 7-9 工业场景的算法模型一览

升，可以解决实际业务中不确定性更高的复杂问题。

算法复杂度的演化，可以借助因果关系的阶梯进行理解。贝叶斯网络之父图灵奖得主朱迪亚·珀尔在《为什么：关于因果关系的新科学》中介绍了因果科学的研究路径，因果阶梯包括三个层次——现象观察、干预影响、反事实的虚拟推理，这代表了智能的三个层次。与认知科学对人的心智模型对应，相当于人类心智的算法心智、自主心智和反省心智。

### 7.2.3 从必然性逻辑到可能性逻辑

逻辑被使用在大部分的智能活动中，我们依赖逻辑来保证思考的正确和有效。逻辑是推论和证明的思想过程，具有其内在的规律。为了避免悖论和错误的推理，人们提出三种形式化的逻辑推理：归纳推理、溯因推理和演绎推理。演绎推理包括典型的三段论，如图 7-10 所示。

图 7-10　演绎逻辑的推理框架

演绎逻辑虽然形式严谨，但对前提要求太高。实际工作和生活中，很多时候信息是不完备的，如生产过程中总存在各种各样的干扰，难以全面观测。如何在信息不完备时做出决策？有时候问题比较复杂，很难获得作为大前提的一般性规律，如涉及内部管理的人际交流、外部竞争的战略管理等。真实的业务总受到不确定性的影响，实际的决策总要承担一定的风险，我们不需要太理想化的完美决策，也不能纯粹经验式地直观决策。如何最大限度地利用已有信息，提高推理和决策的准确性和有效性？我们需要一套实用的推理逻辑。

斯蒂芬·图尔敏研究了律师辩论过程，在《论证的使用》一书中提出论证逻辑框架，如图 7-11 所示。

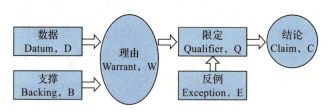

图 7-11　斯蒂芬·图尔敏的论证推理框架[一]

图尔敏的论证逻辑是确定性问题的精密形式逻辑在更大信息量时代的发展。复杂问题本身具有高度不确定性，很难存在普遍性而全面的规律。面对日益不确定性的问题，论证逻辑的框架结合机理分析和数据驱动的两类方法，非常适合于数字化的算法推理。参考图尔敏的论证逻辑框架，我们可以将演绎逻辑与数字化结合，构建数字化的推理架构，如图 7-12 所示。当输入信息不充分时，我们承认存在不可观测的未知扰动（Disturbance，D），但是可以根据扰动产生的影响来估计扰动的程度。由于普遍存在的不确定性，我们只能得出一定置信度的可能性结论。逻辑的输出包括决策判断和置信度两部分，置信度反映了论证的充足性。数字化要驱动行动，不同置信度的决策，驱动的行动也是不同的。

该框架还能指导将专家的知识与 AI 的数据模型结合。将演绎逻辑中绝对正确的大前提，拓展为有一定证据的论证，大前提被分解为原则规律（Warrant，W）和限定条件（Qualifier，Q）两部分，分别从一正一反两个方面建立一般规律，如图 7-12 中间基于机理、规则的模型和算法。再结合数据驱动的算法，补充

---

[一]　斯蒂芬·图尔敏. 论证的使用 [M]. 北京：北京语言大学出版社，2016.

正反两方面的具体案例，提高一般规律的精细度和准确度，如图 7-12 中基于数据的算法。实践中积累的案例也被分为支撑数据集（Backing，B）和反例数据集（Exception，E）。

图 7-12　适用于现实复杂场景的数字化推理框架

## 7.2.4　从人机分离到人机协作

专家从大量的长期实践中形成了经验与洞见，能快速形成专业的判断。这些专家经验可能很难被计算机掌握。而计算机擅长存储数据和计算，数据驱动的方法能从历史案例的数据中学习，发挥出计算机的特长，近些年获得快速发展。

将人的创意意图与数据驱动的建模方法结合，可以形成新的创新框架。这是人机合作的创新模式，AI 辅助生成 AI。人描绘规则，基于元概念形成创新框架，AI 填补其细节。专家聚焦于创新的框架，描绘大线条的轮廓，而基于数据的自动化建模，自动填补其细节。

### 1. 专家知识与数值计算的等价性

专家获得的知识和规律，与数据驱动的机器学习方法，具有完全不同的形式，但是两者在本质上是等价的。

专家知识可以用函数来描述，一般是连续的光滑曲线，如物体运动的牛顿运动定律：$F=ma$。物理规律既可以用函数表达式，也可以用实验数据来拟合，一般是离散形式。离散形式的解可以近似等价于专家用的连续模型的解，此变换过程在数值计算中被称为离散化。

神经网络是被广泛使用的数值模型，可以从大量的观测样本中训练神经网络的参数。物理规律可以通过受控实验进行检验，如图 7-13 所示。这是现代科学研究的基本假设，从信息量的角度，物理规律是对大量实验数据的高度压缩，两者是等价的。

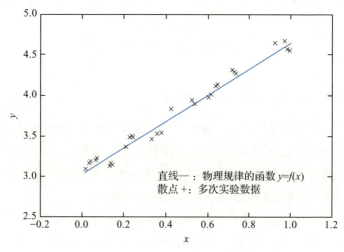

图 7-13　用大量实验检验物理规律

任意函数 $y=f(x)$ 都可以用直线段的组合来逼近，如图 7-14 所示为一元函数。多元函数可以用神经网络来逼近。神经网络本质上是一种广义的逼近函数。根据万有逼近理论，只要神经网络的节点数足够多，该网络就能逼近任意的函数。也就是说，从数据中训练的模型，与代表专家知识的机理方程或者传递函数，两者是等效的。

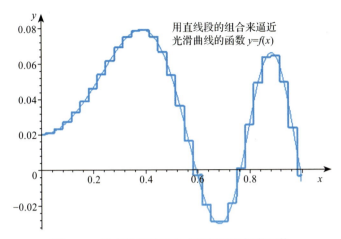

图 7-14　用直线段的组合来近似逼近任意函数

图 7-15 展示了复杂问题的数值逼近过程。

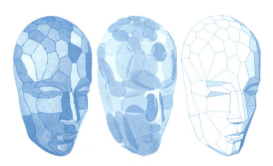

图 7-15　复杂问题的数值逼近过程

### 2. 人机融合与协作的思路

虽然专家知识和机器学习模型两者是等价的,但是他们表述问题的层次和水平是不一样的,所需的信息量和计算量不同。一般而言,专家更善于把握问题的本质和内在结构,三言两语就能说清楚关键,而数字化的算法需要更多的信息量,但是可以把细节说得清清楚楚,一般用于外观的可视化以及需要细节描述的场景。

算法模型开发的难度也有很大的差异,如图 7-16 所示。专家知识的难点在于透过现象看到本质规律,这可能还要依赖直觉甚至灵感。机器学习依赖大量标注的样本,对数据进行人工标注非常昂贵,费时费力。

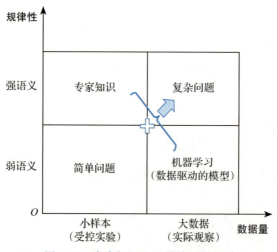

图 7-16　专家知识和机器学习的区别

在工业数字化的实践过程中,人们越来越意识到要将算法与领域专家的知识进行深度融合。没有先验的领域知识,人工智能的算法要么无法解决问题,要么解决效率不高。

本书提出一种融合机理模型与机器学习的统一方法,如图 7-17 所示。这是一种统一的灰度建模方法,结合专家的方法和机器学习的方法,发挥两者的优点。由专家描述逻辑的底层结构,粗略表述核心规则,这决定了机器学习的框架。再由机器基于数据自动推理,细化专家规则,充实正反两方面的案例,细致刻画边界范围,并且在应用过程中,自主地根据效果反馈,迭代进化。

计算机可以随机产生大量的"创意",提供新的可能性,借助其强大的搜索能力,产生全新的组合,甚至可能产生完全出人意

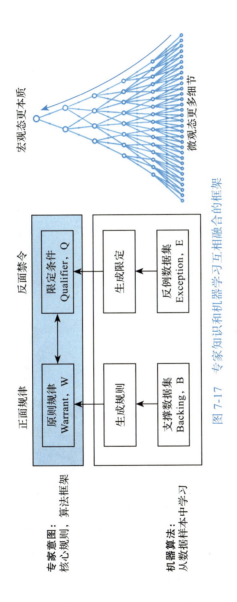

图 7-17 专家知识和机器学习互相融合的框架

料的新组合。以对抗生成网络（Generative Adversarial Networks，GAN）为例，在需要生成更多细节的场景，如 AI 艺术创作，专家相当于艺术评论家，具有艺术鉴赏的品位；而 AI 算法相当于艺术创作者，不断生成大量的艺术作品，来迎合艺术评论家的品位，最终创作出让专家满意的创意作品。两者的关系如图 7-18 所示。专家可以写一段文字来描述创作意图，机器算法能基于文字描述，"创作"生成符合文字描述的猫咪图片。专家也可以用掩码图来标出作品中哪个位置是山川，哪个位置是河流，机器算法能生成相应的山水画作品。

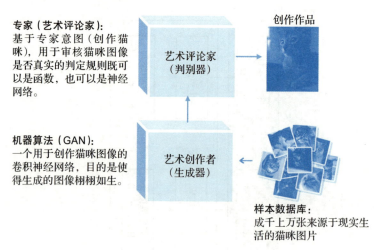

图 7-18　人机协作创作新作品

### 3. 人机协作的创新方法

为了充分利用生成式 AI 的创意能力，又避免 AI 的幻觉，我们需要新的人机协作方式。图 7-19 展示了人机协作的创新方法，AI 善于生成创意、填补细节，在创意生成阶段占据主导地位，专家基于自身的品位和设计的逻辑，对创意进行筛选和判别，并产生最终的创意成果。整个创新过程仍然是以人为主。

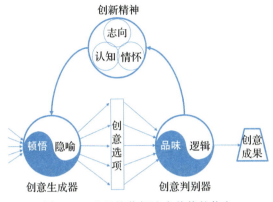

图 7-19 人机协作提取有价值的信息

## 7.3 领域变换:跨界映射的工业智能

虽然具体的业务问题各不相同,但是有可能具有相同或者相似的结构。具体的问题经过提炼和数学建模之后,在概念空间中就能互相对比和借鉴。

### 7.3.1 流动的技术

《技术的本质》解释了技术创新的本质上是对现有技术的重新组合。数字化是一种可被广泛应用的使能型技术,大大提高了利用已有技术创新的可能性。

虽然从根本上来看,数字化是计算机技术的深入应用。但是,数字化在虚拟的数据空间,建立了新的技术域(技术域等同于技术范式、技术族系、使能技术),提供了技术重新组合的全新可能。来自不同技术域的功能组件,一旦被数字化,就变成了相同类型的操作对象——数据,因此马上就可以用同样的方式进行各种组合了[一]。

---

[一] 阿瑟. 技术的本质:技术是什么,它是如何进化的 [M]. 杭州:浙江人民出版社,2014.

数字化创造价值的力量来自技术组合的三种方式：
- 重新定义已有技术组合的可能性。
- 重新定义一个时期技术的风格。
- 重新定义一个时期技术的边界。

### 7.3.2 跨领域借鉴与创新

技术在不同的领域传播，智能程度较高行业的技术会逐渐传播到工业领域，提升工业领域的数字化和智能化水平。信息产业、高科技行业本身就是信息密集型的行业，不确定性高，会引领数字化的前沿应用。传统工业企业可以借鉴互联网行业的做法，如图 7-20 所示。比如，借鉴互联网的工作流引擎进行工厂的工艺过程控制，监控过程的异常，实时辅助决策。这里的关键是透过现象看业务的本质共性，找到工业和互联网业务的共性结构，实现技术的跨领域迁移。

然而，不同行业的业务逻辑、思考问题的方式甚至语言可能差异很大，如何能将先进行业的经验跨行业迁移呢？我们必须进行更深入的本质思考，去除大量具体的细节，提炼出底层的逻辑。任何一个行业的知识，都可以还原为基础的物理、化学等基础学科，这些基础学科是普遍适用于各个行业的。如果能进一步深入挖掘，从第一性原理的角度出发，甚至可以将科学技术和艺术人文统一起来。图 7-21 所示的就是从各个行业具体问题中提炼出底层基础学科的过程。工业的数字化还在发展阶段的时候，要走出原创的道路，就必须走向更底层的基础理论。

### 7.3.3 数学建模

将业务问题转化为数学问题，就可以借助数学方法来解决，这就是业务问题的数学建模。数学模型的建立不仅是对自然现象

第 7 章 突破创新的数字化研发

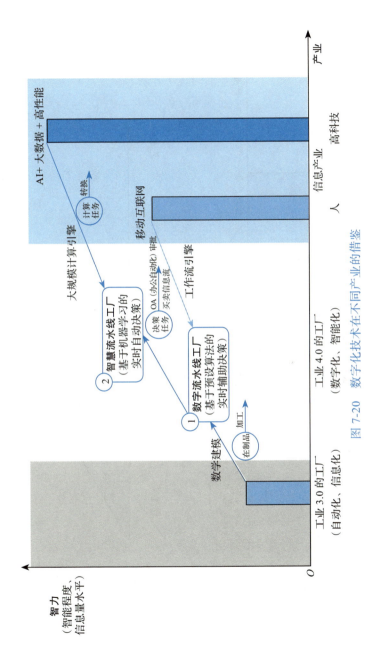

图 7-20 数字化技术在不同产业的借鉴

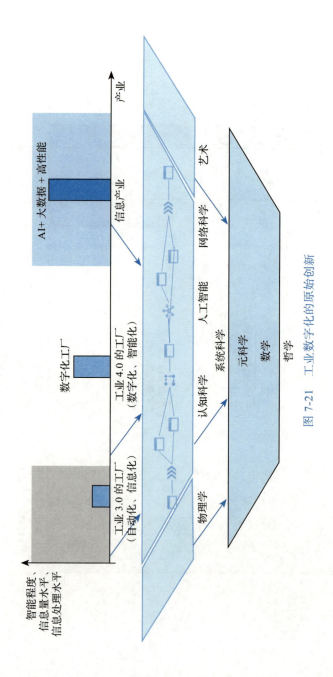

图 7-21 工业数字化的原始创新

的描述，更是对其本质规律的揭示。通过数学表述，繁杂的业务逻辑得以简化为变量之间的关系，然后通过数字化的方法，从能观性和能控性的角度，给出不同智能程度的解决方案。只要定义了业务的关键概念和可量化特征，将具体的业务问题转化为可计算的数学问题，就形成了数字化的方案内核。

从控制论的角度看，人的思维空间可以分为两个部分，一个称为形象空间，另一个称为概念空间，如图 7-22 所示。在直观经验上讨论业务，人们可以从各种角度分析，要考虑的信息似乎无限多。选择恰当的概念就能用精确的语言描述问题，用定量的方法分析问题，更容易系统性地进行深度思考。

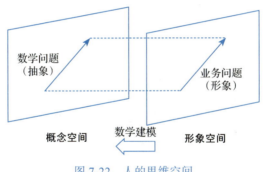

图 7-22　人的思维空间

概念的选择是一个关键，往往需要专家的洞见。专业概念定义了数据挖掘的核心特征，形成可计算空间的基本坐标和描述的基本术语，架起了一座连通直观数字空间和计算数字空间的桥梁。比如，在电学建立之初，定义了电流、电压，这就将电学的问题转化成为一个数学的问题。一旦定义了关键的概念和特征，就将具体问题进行提炼，转化为可计算的数学问题。

当问题的底层矛盾浮现时，就可以跨领域借鉴不同的思路，原来解决不了的难题，有可能得到启发和新思路。这在控制论上，就是找到共轭问题。共轭在数学、物理、化学、地理等学科中都有出现。两头牛背上的架子称为轭，轭使两头牛同步行走，共轭即为按一定的规律相配的一对。

OODA框架中的定位（Orientation，O）就是空间变换。有多种定位的方案：

- 将感知与目标的反馈对比，知道当前的差距，并针对性调节。
- 将感知的原始数据转化为特征量，以特征向量为基础，定义出计算空间，并在计算空间寻求最佳决策方案。
- 基于专家经验，提出解决方案的基本结构，并由数据科学拟合、学习具体的参数。
- 基于专家经验，提出解决方案的特征。基于对抗生成和进化学习的方法，逐渐逼近最佳决策。

智能的算法也是有能力边界的。现代的计算机基于图灵机，只能解决可计算的问题。所以架构数字化的技术，需要基于有限的智能这个前提，不抱不切实际的幻想。而现实可能极其复杂，能否有效解决现实问题，关键是能否找到一个桥梁，将现实的复杂问题转化为软件能解决的计算问题，这一步高度依赖专家的洞察。

### 7.3.4 锂电池行业案例

锂电池的涂膜重量一致性对电池性能影响很大，提升MD（纵向）方向和TD（横向）方向的涂膜一致性，是长期困扰锂电池行业的工艺难题。我们研究了该工艺的技术发展史，发现造纸与锂电池虽然是完全不同的行业应用，但是造纸机与锂电涂布机具有相似的原理和机构，从结构上来看，造纸机就像是个超大号的锂电涂布机。由于造纸行业发展得早，其技术更加成熟，所以我们借鉴造纸行业的成功经验，实现了锂电池涂膜工艺的数字化创新，如图7-23所示。

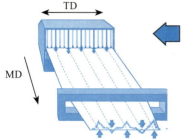
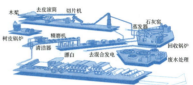

图 7-23　锂电池涂膜工艺的数字化创新

## 7.4　数字化研发的新范式

研发活动具有高度的不确定性，发明新事物的过程充满了灵光一现的传奇时刻。长久以来，人们认为发明来自少数专家的敏锐直觉。像托马斯·爱迪生这样的天才，是可遇而不可求的。然而，人们逐渐发现，创新需要方法，每个人都可以学习。20世纪40年代，苏联的根里奇·阿奇舒勒（Genrich Altshuller）研究了大量专利，揭示了发明创新的规律，提出 TRIZ 的系统性创新方法。

现代的科技创新和产品研发不再依靠个别天才和运气，而是依赖创新的系统产生持续的创新。企业研发的核心挑战是在研发过程中逐渐减少不确定性，降低风险。

### 7.4.1　基于虚拟样机，优化产品设计

仿真模型对工业产品的研发具有重要作用。为了说明数字化在产品研发中的作用，首先将产品研发活动提炼为一个优化问

题，并以锂电池的产品设计为例进行说明。

根据设计的需求，定义设计目标，记为输出变量 $Y$，如锂电池的尺寸（长、宽、厚）、性能指标（容量、循环次数等）。锂电池的设计主要在于材料筛选和工艺研发，将所有设计的因素合并，定义为设计变量 $X$。锂电池的设计过程就是根据客户所需的 $Y$，寻找一组合适的材料和工艺 $X$，并经过实验验证确保样品的电池符合所有的设计目标 $Y$，如图 7-24 所示。

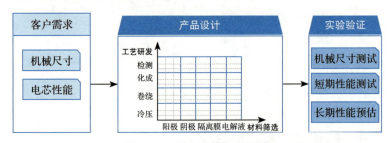

图 7-24 锂电池的产品设计

设计目标 $Y$ 是个向量，除了产品本身的技术指标之外，还有经济性指标，如成本、利润等，一般的设计流程如图 7-25 所示。

其中有些设计变量是必须满足的约束性目标，有些是优化的目标。设计的目的就是在满足约束性目标前提下，追求最优的设计方案。如果对设计目标产品性能指标（定义为产品因子 $Y$）所依赖的设计变量（定义为设计因子 $X$）之间的机理和关系比较清楚，可以建立白盒的模型，就能基于性能预测模型和成本模型，以成本最优为设计目标进行优化设计。

### 7.4.2 技术创新的第四范式

产品研发和技术创新构成了企业核心的竞争力，这两个领域充满了不确定性，也恰恰是数字化可以大显身手的环节。在面对高度不确定的企业技术探索和科学研究时，我们看到了科学研究

第7章 突破创新的数字化研发

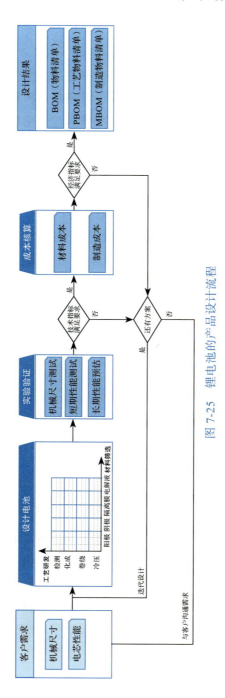

图 7-25 锂电池的产品设计流程

269

和理论创新模式经历的几次重大变革。

最初，科学研究依赖于天才个体的灵感与想法。随后，科学进入了一个基于受控实验的时代，这使得科学研究能够以规模化的方式进行。20世纪初，代表性的变化是工程化研发的兴起，以爱迪生建立的通用电气（GE）工业实验室为例，通过过程设计大规模受控实验，发明创造过程得以规模化展开。在实验环境中的反复验证和细致研究，积累了大量专业领域知识。在计算机发展之后，专家知识被转化为计算机仿真模型。

基于受控实验的研发耗时漫长，尤其在化工领域，需要大量的试错，有些领域的研发就像厨师炒菜，不断尝试不同的"配方"。现在，数字化技术的发展，带来一种全新的科研范式，被称为"第四范式"。

互联网，特别是移动互联网和物联网的发展，极大地改变了科学研究方法，使得可以基于大数据进行社会科学的实证研究。在这一领域，大数据分析、网络分析和机器学习等先进的计量模型已经取代了传统的田野调查和线性回归方法。计算社会学利用这些方法能够在更广泛的范围内，更精确地分析复杂网络现象和社会结构。例如，基于复杂的数据模型的传染病预测模型就取得了成功。

### 7.4.3　工艺研发数字化

研发工艺过程中和优化工艺参数时，通常会对生产过程做一定的假设和简化，例如标准条件下的合格来料、正常的设备和规范的操作。但在实际生产中，不可避免地会出现来料波动、工艺制程能力波动、设备磨损和性能劣化等因素，导致在真实生产过程中需要通过多种管理活动对工艺波动和异常进行及时干预。

如果基于历史的真实数据构建一套数字化模型，就能在设计阶段对真实的生产环境进行工艺研发，如图7-26所示。这种方法

# 第 7 章 突破创新的数字化研发

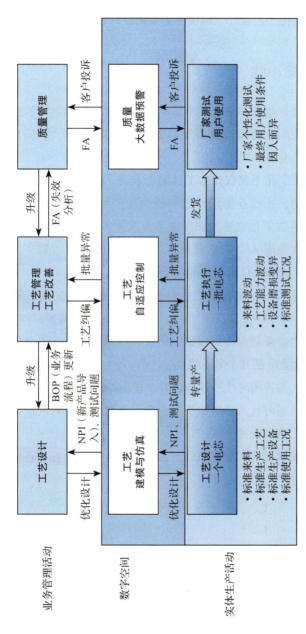

图 7-26 闭环的数字化工艺研发

可以更好优化工艺设计，减少不必要的设计裕量。

## 7.5　本章小结

数字化与业务的融合，不仅能实现现有业务的逻辑，还能改变业务的逻辑。通过改变研发的方式，不仅能提高研发的效率，还能改变研发的模式。

如果数字化不仅仅作为工具赋能业务，而是内化为业务人员的基本能力，那么业务设计之初就会基于最先进的数字化技术，这是原生的数字化业务。如果业务专家同时掌握了数字化工具，可以自如地使用 AI，我们就不再谈"数字化转型"。数字化如影随形，能够成为做任何事情的底层假设。

数字化转型，使得我们能移民到原生数字化的人工智能时代，这是一个漫长的过程。在这个过程中，我们需要以终为始，设计未来的业务架构，构建数字化业务的基石底座。本章探讨了高阶数字化业务的几个基石底座：

- 强人工智能时代的业务语言：量化、动态成了基本语境。
- 大数据时代的业务逻辑：业务设计之初，逻辑的前提是大量信息和快速决策。
- 跨领域融合的业务范式：跨学科融合，基于各行各业最好的先进技术。

# 第 8 章
## 数字时代的敏捷组织和开放文化

　　本章通过活性系统的软系统控制论视角，深入探讨了文化、组织心智和组织结构三大要素。在数字化时代，虽然数字化技术进步极大地增强了企业的理性决策能力，但要实现企业的全面进化和稳健转型，离不开重视和提升企业的感性心智模式和思想文化。理性与情感的协同发展是企业有机进化和平稳转型的关键。

　　尽管数字化技术快速发展，许多应用场景所需的技术可能并不复杂，但实践中的挑战往往源自业务本身的惯性和业务专家的思维模式。业务专家是否能突破惯性，洞察业务的本质，深究业务的底层逻辑，成为数字化转型中软性问题的核心。这些问题，包括思想文化和组织管理的非结构化问题，往往是数字化转型过程中遇到的最大障碍。

　　在构建数字化工业生态时，虽然建立一个数字空间内的"工业大脑"挑战重重，但目标是具体的，路径相对清晰。通过系统控制论的方法，可以分析数据流与实体业务之间的闭环互动关系，为企业提供决策支持和业务优化的洞见。然而，企业的思想文化和组织管理层面存在大量的非结构化问题，往往涉及人性的复杂性和组织行为的不确定性。

## 8.1 生命范式的复杂管理学

现代科学和工业革命取得了巨大的成就，人们自信而乐观地改造自然，迄今为止人类的发展史可以说是人类反抗自然、改造自然的历史。由现代科学技术装备起来的人类显得日益强大，在改造自然的过程中获得了越来越多的主动性，这一切使我们现代人洋溢着乐观的情绪。然而，任何一种对自然资源的开发和利用，同时又意味着一种退步、破坏和丧失。人类开始怀疑在科学支撑下所获得的无所不及的力量，并重新审视人和自然的关系。

世界越来越不可预测，越来越具有不确定性。在商业社会的人们，能深切地体会到不确定性对企业的影响。现在，日常生活也变得越来越不确定。

最近100年里，人们的科学观有了很大的变化。100年前的科学先行者反思机械式科学的基础。海森堡测的不准原理、泡利不相容原理、哥德尔不完备定理，揭示了世界在本质上具有的不确定性。50多年前系统科学兴起，随着确定性混沌的发现、复杂系统的发展，很多科学家从不同角度认识到了复杂性。

科学范式的转变改变人们的思维方式和企业的管理模式。经典科学追求稳定的秩序和静态的结构，人被当作实现目标的工具和手段，人性被忽略和压抑，管理范式是机械的、固定的、流程化的，企业追求速度、力量、规模的竞争。智能时代的社会流动性加剧，竞争不再局限于上下游产业链。智能时代的管理是生命范式。企业像生命系统一样追求开放、合作、生态，才能具有更强的韧性、灵活性和快速反应能力。企业与员工的关系不再是利益共同体，而是生命共同体。

### 8.1.1　对抗不确定性需要复杂性思维

基于科学管理和工程方法针对确定性对象确实非常有效，通过科学实验获得的精确物理模型能够对世界进行精确预测，并能有效制定充分的预案。然而，随着不确定性的增加，这些基于确定性的方法逐渐显得不再适用。为了更好地理解和应对不确定性，我们需要转变思维方式，培养复杂性思维，它鼓励我们看待事物间的相互作用和网络关系，而非将事物看作孤立的个体。这种思维方式有助于我们在面对复杂系统时，能够识别和利用其中的模式、关系和动态变化，从而更有效地做出决策和应对挑战。

图 8-1 展示了对抗不确定性需要的复杂性思维，强调了在不断变化的环境中，更新和适应新的思维模式的重要性。通过接受和利用复杂性思维，我们能够更灵活地应对未知和不确定性，发掘新的机会，同时也能够更有效地管理和利用复杂系统的潜力。

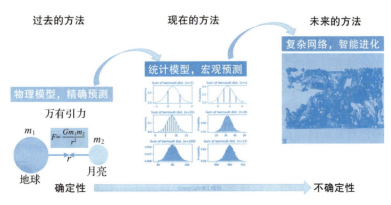

图 8-1　对抗不确定性需要的复杂性思维

## 8.1.2 组织与文化协同进化

任何系统都有实体的部分,也有连接实体的虚体部分。实体更像硬件,而机制与文化更像软件。机制是具体的方式方法,长期稳定下来形成文化。文化是对企业成功经验的总结,因此有一个相对滞后的形成期。这三层的结构必须是匹配的,企业才能稳定存在,如图 8-2 所示。

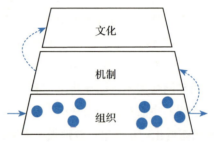

图 8-2 企业的三层结构

文化和机制都是针对一个具体的实体系统来说的。政治体制对应一个国家的系统,企业文化对应一个企业的系统。我们讨论的实体系统不同,具体的文化和机制也不一样,但是这三者都有相同的关系:在生存层面的实体活动,稳定下来形成了机制,这个稳定的机制形成了文化,它们必须是匹配的。

随着行业的发展、社会的发展、竞争的变化,生存结构会发生变化,机制和文化也必然要发生变化,这是因为机制和文化是相对稳定的,必然滞后于实体生存结构的变化。如果文化是封闭的,只是从自身系统沉淀,就一定是滞后的。

### 1. 组织边界模糊化

为了增强组织的韧性和灵活性,传统的组织边界正在变得越来越模糊。这要求跨职能团队之间进行更多的互补合作,以便快速适应外部环境的变化。协作方式的改变，逐步促使组织结构的转型。

在组织的进化过程中，其发展趋势遵循最小作用力原理，即在能量消耗最少和效用最大化的路径上优化组织结构和运作模式。这种原理揭示了组织进化的底层逻辑：通过简化过程、降低能量消耗和提高效率来实现组织的自然优化和进化。

跨职能团队的合作不仅提升了组织对复杂问题的解决能力，还增加了跨部门间的信息流动和知识共享，从而增强了组织的整体应对能力和创新能力。随着这种工作模式的普及，组织结构变得更加扁平化、灵活化和开放化，以支持更快速的决策过程和更有效的资源分配。

通过促进跨职能团队的合作和采用最小作用力原理，组织不仅能够提升自身的韧性和灵活性，还能在不断变化的环境中保持竞争力和创新力。这种自下而上的进化过程，有助于组织在面对不确定性和挑战时更加稳健和高效。

### 2. 组织韧性提升

在不确定性的环境下，企业更加需要具备韧性，以便适应不断变化的外部条件。就像每个人面对风险的偏好不同，每个组织对不确定性的态度也存在差异。

有些组织厌恶风险，追求稳定和有序。在一个稳定的环境中，它们能够从确定性中获益，但在面对变化和不确定性时可能显得特别脆弱。对于这样的个体或企业，不确定性带来的是压力和挑战，而不是机会。

有些组织对不确定性保持中立，它们可能采取一种更加观望的态度，对变化既不过分敏感也不完全关闭自己，但可能缺乏主动适应或利用不确定性带来机会的动力。

而数字化需要更积极地面对不确定性，面对变化时不仅能够承受压力和挑战，还能从中成长和获益。这种态度使得个体或企业能够在不断变化的环境中寻找和把握机会，将挑战转化为发展的动力。通过每一次应对不确定性的挑战，组织可以培养出新的能力，类似于增强免疫力和学习新技能，这就是生物的反脆弱特性⊖，有助于在未来面对类似挑战时表现得更加坚韧和灵活。

通过培养一种积极面对不确定性的文化，鼓励创新和适应性，组织可以更好地利用外部变化作为成长和发展的机会。

### 8.1.3　组织与文化的一致性

文化在组织的发展过程中逐步形成，并展现出不同的模式，如图 8-3 所示。这些模式从个性化到一致性展现了组织内部多样性与整体方向一致性的平衡，对组织的战略执行力和决策过程有着深远的影响。

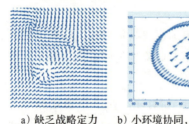
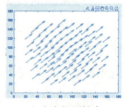

a）缺乏战略定力　　b）小环境协同，整体和而不群　　c）内在协同性高

图 8-3　组织与文化的一致性

- 均衡模式（a）：在这种模式下，组织内部有着丰富多样的思路和观点，有很多创新的想法，但由于缺乏战略的定

---

⊖　塔勒布. 反脆弱 [M]. 北京：中信出版社，2020.

力，导致方向经常变化。可能会对某些议题反复讨论而难以做出决定，即使决策了也难以执行，很难实质上启动真正的转型。
- 平衡模式（b）：结合了多样性与一致性的优点，实现局部协同与整体和谐共存，既保留了组织内部的创新活力，又维持了战略执行的定力。这种文化环境具有较强的韧性和发展潜力，对数字化转型尤为有利，因为它能够在维持创新的同时，确保转型过程的顺利进行和战略目标的实现。
- 一致性高（c）：此模式下，领导层比较强势，一旦决策方向明确，组织执行力极强，能够迅速向既定目标前进。高度一致的文化有利于快速决策和执行，但对管理者要求极高，稍有偏差就被放大。

这三种组织与文化的一致性模式对组织的影响各有不同，而平衡模式在当前快速变化和高度不确定的商业环境中，对于推动有效的数字化转型尤为关键。通过对独立小组的充分授权，既能促进创新和多样性，又能确保组织在变革中保持明确的方向和强有力的执行力。

## 8.2 企业的生命系统模型

从生命的视角看，企业像一个独立的生命体，嵌入商业价值网络的系统中。数字化根本的动力来自企业对商业价值网络变迁的适应。企业是一个无形的巨大生命体，为内部人员创造了活动空间。企业就是员工的舞台，每个人的活动看似自由，但只能在舞台上表演，受限于舞台的空间结构。企业的空间结构要放在社会结构中来看。企业是社会结构中一个独立的生命个体，镶嵌在商业价值网络的社会大舞台上，如图8-4所示。

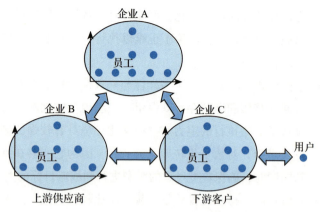

图 8-4 企业的生命系统

数字时代,企业的边界逐渐模糊,员工可能脱离企业的界限,自由游走在企业价值链中。

## 8.2.1 企业的生命系统

与人做类比,企业就是生活在社会中的生命体。活的生命一定是与环境互动的开放系统,包括实体系统(身体)和调控系统(大脑)两部分,如图 8-5 所示。实体系统是生命的基本活动,调控系统则保证实体活动的协调一致,成为一个有机整体。[一]

一个人的实体系统就是身体,调控系统则是大脑。一个企业的实体系统就是企业具体的生产活动,而调控系统则是无形的管理活动。数字化就是用软件承载调控系统中的信息流。

在 20 世纪 50 年代,英国的管理学大师斯塔福德·比尔(Stafford Beer)将管理学的概念模型和生物学的概念模型对比,创立了活系统模型(Viable System Model,VSM)理论,出版了

---

[一] 颜泽贤,范冬萍,张华夏. 系统科学导论:复杂性探索[M]. 北京:人民出版社,2006.

《企业的大脑》《企业的心脏》《组织系统的诊断》等著作。他通过对人体交感神经系统、副交感神经系统、基脑、神经中枢以及大脑皮层与企业组织的类比，如图 8-6 所示，将具体的现象抽象提炼。企业与人有类似的规律，甚至有同构的底层模型。

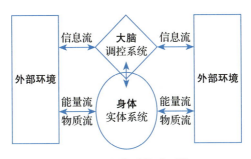

图 8-5　生命系统及环境

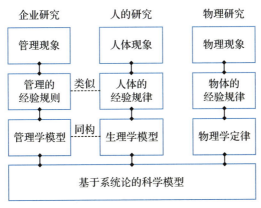

图 8-6　企业与生命系统的对比研究

经过严格的对比，企业包含五个子系统，见表 8-1。企业是一个整体，真正的数字化转型，必须全面考虑各系统的联动。现阶段的数字化主要关注最下面三层子系统，它们是保证企业运行的理性系统。

表 8-1  企业的生命活系统模型

| 子系统 | 职能 | 对应的人体器官 | 对应的企业模块 |
|---|---|---|---|
| 操作系统 | 直接执行任务 | 肌肉、四肢 | 车间、生产线、工厂 |
| 协调系统 | 解决子单元之间的矛盾和冲突 | 交感神经 | 计划排程、生产协调 |
| 优化系统 | 对子单元进行优化 | 小脑、脑桥、延髓 | 产品研发、市场拓展 |
| 开发系统 | 处理企业与外部环境的关系 | 中脑 | 战略发展 |
| 决策系统 | 统筹内外部信息、制定政策制度 | 大脑 | 董事会 |

## 8.2.2  企业的活系统模型

系统控制论有助于我们看清楚管理的底层结构，从根本上解决管理中的复杂问题。比尔将对企业的管理过程类比为人的大脑对身体的控制过程，运用控制论的法则来维持组织的稳定，以及使组织能够应对外部环境的变化而保持活力。

将企业的调控系统分为数字空间和人，形成如图 8-7 所示的数字化企业的活系统模型。数字空间对企业的实体生产进行刚性的调控，构成企业的"大脑"，包括两个子系统：实时控制相当于人脑的快系统，保证实体生产顺畅运行；优化控制相当于人脑的慢系统，基于长时间的反馈对实时控制进行优化和持续改进，并对未来的不确定性进行预判和调整。

一个人不仅具有能运动的身体，还有能思考的大脑，以及丰富的情感体验。如果将工业企业与人做对比，那么实体的工厂构成了企业的身体，数字化打造了企业的"大脑"，但是我们的讨论还欠缺企业的情感体验，这目前是由企业的人实现的。由人构成的组织，形成了企业活生生的灵气和品味。

并不是所有的信息都被均等地进行数字化，企业也有自己的喜好和品味，企业家的品味体现为企业的品味。企业不只是企业家赚钱的机器，有眼光的企业家，其个人使命会赋予企业目标，去追寻更高的意义。

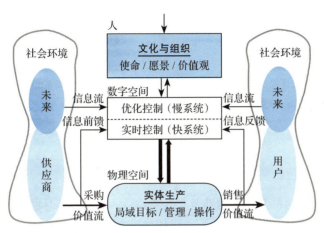

图 8-7　数字化企业的活系统模型

## 8.3　提升情感与品味，激活心流与创新

人工智能模拟人的大脑，而没有情感的智能是不完整的。早在 20 世纪 80 年代，科学家们开始将情感研究引入计算机学科，试图把"主观的情感"变得可计算。但是，人类真正的情感恰恰是"不可计算"的。未来的人工智能，需要加强对情感、情绪的了解，与认知学、心理学融合。

人有三个中心——运动、理智与情感，将企业与人类比，企业有三个相应的系统——业务系统、决策系统和组织系统，如图 8-8 所示。自动化改造了企业的业务执行力，以人工智能为代表的数字化技术提高了企业的智力水平。而目前的人工智能是没有情感的，企业的情感和品味来自有血有肉的人，以及人们形成的文化。也许在遥远的未来，机器人也有了人性和感情，我们暂且把这部分交给科幻作家，当下着重关注怎么通过企业文化建设，给数字化注入情感与体验的人文关怀。

图 8-8 人与企业的三个中心对比

### 8.3.1 企业的三大核心系统

一切活的系统必然涉及与外界物质、能量、信息的交互。这体现在企业活动中，企业的实体活动可以分为三个子系统，如图 8-9 所示。

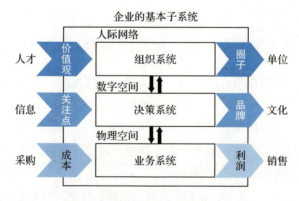

图 8-9 企业的三大核心系统

- 业务系统是企业主要的运营生产部分，构成企业的物理空间，类似生命体的物质、能量代谢，是企业的滋养子系统。具体来说就是供应链、客户关系，物料在流转中被劳动生产增值。
- 决策系统是企业内部的信息流，构成企业的数字空间。从外部感知信息，并在内部加工传递，以信息驱动经营生产。
- 组织系统是企业的人才结构，人给企业注入了生命能量，以使命凝聚成团队，嵌入社会价值网络中，承担一定的社会功能。

企业内部的子系统与外部社会结构形成超稳态的互动关系。生物进化过程是从内部结构稳定的自给自足，逐渐过渡到依靠外部社会结构提供补给。系统是层叠构成的，如一个人处在社会关系当中，而内在结构又由身体器官组成。

### 8.3.2 情感智能

有价值的数字化要避免高智商、低情商，既要有"硬质"的数字化技术，还要有"软质"的企业文化、组织心智，甚至情感与品味。"硬质"技术的数字化提高了决策的效率和水平，增加了企业的"智商"，而软性文化的数字化再次激活组织的活力与创新，增加了企业的"情商"。数字化整体上提高了企业的智力水平，作为情感系统的人和组织也需要有相应的变化。

数字化转型促进企业的全面发展，"智商"和"情商"需要协同与平衡，齐头并进地推进。只有全面发展才能让数字化的成果稳固并逐渐深入，否则就会出现走三步退两步的情况，这也是大家看到很多数字化转型效率不高的原因。随着智能化水平的提高，企业的人和文化变得更加重要。人不再是泰勒管理时代的"麻烦"，反而是人工智能时代的核心动力与精神支柱。

#### 1. 工厂外化了人的运动系统

人创造的一切，不可避免地带有人自身的烙印。通过对人的类比和研究，更好地理解和研究企业。如果你能向内探索，更好地了解自己，就能更好地研究企业组织。

人类发明的机器，像挖掘机、起重机，甚至一个工厂的生产线，都是在模拟人身体的某些功能。将这些机器连接在一起的工厂非常机械，没有意识，没有大脑，没有情感，只相当于人身体的运动功能，甚至现代企业管理，也将丰富完整的人功能化为某个专业、某个职能。

整体来说，工业时代模拟并外化了人类对自身有形身体和机械功能的认知。通过机械设备和大规模工业生产，工业时代实现了对人体体力和动作的复制与放大。这一过程使得体力劳动机械化和标准化，极大地提升了生产效率，但其核心仍集中在对有形功能的外在模仿与强化方面。

### 2. 工厂的理智与情感

计算机和人工智能试图模拟人的大脑、智力、理性。但是，完整的人必须将运动、理性结合在一起，而且人还有情感系统，在企业中体现为组织。人才是企业中活的那部分，人是企业的感觉部分、感情部分。如果单纯在技术上实现数字化，人工智能的系统就会像一个虽然拥有了丰厚的知识和聪明的大脑，但缺乏对美的鉴赏、对好坏的选择、对艺术的欣赏的人。缺乏了情感，就不能协调运动和理智。所以，工业企业要想稳定数字化的技术成果，必须重视组织和人。

即使在最理性的科学研究领域也是这样，科学家在理论创新的时候追求公式和思想上的简洁，以简洁为美。没有情感的人工智能，永远不可能真正独立运作，终极的智能一定需要情感的投入。好的管理大师也是艺术大师。

数字化建立了企业基于数据的理性决策系统，基于数据和算法，自主的决策形成企业的大脑。而人的喜好形成了组织的喜好，进而传递为产品的品味和品质。工厂、组织和数字化构成三位一体的立体企业，是企业在后工业时代升级的基本结构。

### 3. 数字化转型中的理性和感性

数字化转型不能只关注技术，技术只是发展了企业的大脑和理性。只有将身体、大脑和情感三者整合一体的转型，才能形成稳定的能力提升，实现真正的数字化转型。现阶段，数字化技术发展很快，很多技术已经远远领先于企业的实际需要。很多企业在数字化转型中的短板反而是非技术因素，需要对组织文化深度反思，以及对业务和客户共情与尊重。

乔布斯领导苹果公司注重用户体验，技术与艺术的融合带来了巨大的商业成功。不仅用户体验很重要，员工的体验也同样重要。用户感受到的美，源于组织内部人员对美的品味与追求。我们用心做事的态度、追求品质的精神，会由内而外地散发，并通过产品传达给用户。

无论组织结构如何调整，数字时代的组织会更具情感。这种数字化转型不仅是技术上的革新，更是文化和情感上的提升，是企业内在个性的全面发展。

### 4. 全面发展的数字化人才

为了更好地适应更加不确定性的数字时代，企业需要适应未来的数字化人才。这对组织能力提出了很高的要求，不能仅根据岗位职责招聘专业人才，数字化需要全面发展的创新性人才。人的全面发展需要从注重考试转向关注素质，从学习单一技能到促进个体素质的全面成长。

企业不应只把人才当作人力资源，而应选拔和培养自己的年轻干部，使其承载企业人性化的文化和意义。全面发展的数字化人才不仅需要具备高水平的数字化技术，还需要具备人性化的思维、情感和品味，能够在技术和文化之间找到平衡。这种人才能够推动企业的"硬质"技术和"软质"文化同步发展，使企业在智商和情商上齐头并进，推进并稳固数字化转型成果。

组织文化、实体业务与数字化这三个子系统需要形成良性互动，企业才能实现真正的转型，使每个部分都能相互支持和补充，从而在数字时代保持竞争力和创新力。通过培养全面发展的数字化人才，企业不仅能提高技术水平，还能增强组织的情感和文化内涵，使整个企业在面对未来挑战时更加从容和自信。

### 8.3.3 品味与用户体验

产品的直觉从哪里来？最终由品味来决定。组织中的人还给企业和产品注入了品味。目前企业的"品味"只能来自企业的人，即员工的精神追求和价值观。文化建设、管理改进是要与数字化技术并行开展的工作。

数字化在提升企业智能的同时，也提出需要更高的"感情"和"品味"才能驾驭数字化的新"大脑"和"智能"。反过来，新的智能也使得原来无法实现的企业愿景，能够在新的技术条件下实现。

企业的愿景很大程度上决定了其生存和发展策略。如果一个企业仅将自身视为赚钱的机器，往往会采取急功近利的策略，关注短期收益而忽视长期发展和可持续性。相反，拥有伟大愿景的企业在决策时会更加注重长期主义，关注长远的目标和影响。

#### 1. 优秀的人才

如果只有强健的体魄和聪明的大脑，人可能会成为智商高、情商低的"工具人"。企业仅依靠数字化的"大脑"提升智能是不够的，要想在复杂的商业竞争中取胜，还需要"情商"。企业内部员工的情感与意愿塑造了企业的用户体验、品味和口碑。

工业化要求人们专业化，而数字化则要求人们具备综合能力，熟悉人类在各个领域的优秀成果，并尝试将这些成果应用到自己的工作中。乔布斯曾说，Macintosh 团队中有音乐家、诗人、艺术家、动物学家和历史学家，他们也都懂计算机，这是 Macintosh 卓越的原因之一。即使没有计算机，他们在其他领域也能创造奇迹。团队成员各自贡献了专业知识，使 Macintosh 融合了多个领域的优秀成果，否则它可能只是一款非常狭隘的产品。他们之所以工作，并非仅为了计算机本身，而是因为计算机是传递某种情感的最佳媒介。

### 2. 用户体验

如果数字化仅关注硬核技术，企业可能只能达到像微软或麦当劳这样的工业时代追求极致效率的成功。然而，这并不代表未来企业竞争的全部。数字技术能够突显企业的软实力，如果企业本身拥有宏远的理想，数字化将能助力这一梦想飞翔。相反，对于那些机会主义的企业，若缺乏对未来的清晰愿景，数字化的推进反而可能伤害企业自身，成功的数字化进程也可能使得企业的内部矛盾更加明显，或使得对外竞争力显得乏力。

数字化技术放大了企业的"情感"系统。那些本就具有情怀和人文关怀的企业，会感受到数字化技术的加持与赋能；相反，那些急功近利、视野狭窄、短视的企业，则可能体会到很多副作用。这并不是数字化技术本身的问题，而是因为数字化提高了企业的信息流动和决策效率，从而使得好的企业变得更好，坏的企业变得更坏。在新的效率和平台下，企业需要更高远的愿景和对未来更深刻的洞察。

### 8.3.4 向善的价值观

#### 1. 从工具理性到价值选择

数字化只是一种更低成本的信息处理技术。但是你处理什么信息，要达成什么样目的，这是工具层面解决不了的。

越是强大的工具，就越需要你对自己的目标有更清晰的认识，越是需要企业的领导人更真诚地面对自己，更坦诚地面对团队，勇敢地面对挑战，这是数字化的赋能和加持。但是，如果领导者三心二意经常退缩，朝令夕改，再好的数字化技术也发挥不了价值。

我们不能用工具理性（即以效率和实用性为主导的思维方式）替代价值理性（即基于道德和价值观的决策方式），工具理性关注的是如何有效地达到目标，而价值理性则关注目标本身是否正确或者值得追求。数字化转型过程中，工具理性与价值理性的平衡至关重要。领导者不仅需要关注技术带来的效率和实用性，更应深入考虑这些技术选择对组织的长远价值和道德影响。这要求领导者具备广阔的视野、开放的心态、谦逊的学习姿态、真诚的内省，以及对组织核心价值和目标的坚定承诺。

在数字化转型的过程中，技术的选择和应用虽然在效率上存在差异，但更重要的是这些技术如何服务于企业的核心价值和长期目标。领导者需要清晰地识别和定义转型的目标，无论是提升效率、增强客户体验还是其他企业战略目标，并确保团队对这些目标有统一的理解和承诺。

此外，数字化转型不仅是技术的应用，更是对企业文化和组织结构的深刻改变。领导者在这一过程中扮演着关键角色，需要积极参与，通过示范行动引导团队，确保技术应用和组织目标的一致性。在这个过程中，团队的犹豫和不决不是因为对技术不理解，而是因为对转型目标和价值取向不清晰。因此，领导者的任务是不断澄清和坚持这些目标，以确保全员行动的一致性和效果。

### 2. 超越盈利的价值

本书围绕企业盈利能力和组织绩效的提升，探讨不确定性环境下的数字化转型。但是，有些组织不一定以盈利为目的，如非营利机构、政府部门、国有企业。每个组织可能有不同的目标，不同岗位上的领导更是有不同的视角。

数字化团队希望组织能够自上而下地推动数字化的转型和变革，最好一把手亲自挂帅，给予极大的财力、政策上的支持。组织的结构约束着组织内的信息流动和价值流动，数字化的技术消解了信息的不对称，提升了搜集信息、加工信息的能力，使得组织中的个人和整个组织能更好地处理有限的信息。

无论什么目标，数字化技术都只是实现其目标的工具。数字化作为一种技术，其价值是工具的价值，没有善恶是非的判断。技术驱动的数字化转型，离不开企业文化再造，离不开高层的心智升级。数字化的技术是一把锋利的武器，在高手中能舞出不一样的境界，但是在坏人的手中有可能产生更大的破坏力。

## 8.3.5　企业的心流与创新活力

像任何一个生命体一样，企业也是有情绪的。当人心情舒畅的时候就有更强的创造性，就愿意承担风险，做新的尝试。怎么借鉴心理学对个人情绪的研究成果，让企业拥有"心流"，突破数字化转型的情绪障碍？

对企业的性格进行一个诊断不外乎这三个方面：情感、理智、行动。

### 1. 评测企业的性格

可以从三个方面评测企业的性格：

1）企业的情感体验：每个员工的感受会整体上汇聚成为企业的感受。企业最近的情绪是积极乐观，还是悲观压抑？大家工作是被迫养家糊口，还是有更高的使命感？感受每个个体的情绪，我们就能感知到企业的情绪。

2）企业的决策机制：是固定的流程，还是数据驱动的动态灵活机制？

3）企业的执行力：是强调执行的效率，还是强调执行的效果？

这三方面反映了企业的数字化程度。同时，在企业的不同层级和业务范围内，评估各部门承担业务的不确定性或风险。

### 2. 冲击响应测试

系统论研究一个系统内在的本质特性有个很好的方法，叫作"冲击响应"。比如，要想知道桌子的材质，可以敲敲它，听听回响。同样，为了判断数字化的可行性，可以主动施加一个小的扰动，通过观察回响和反应，了解企业的动态反应模式。对比扰动在企业内传播的过程以及影响扩散过程，能够建立企业的内在特性和反应模式，判断数字驱动业务的"能控性"。

设计这样的"冲击响应"实验，首先选定一个稳态作为基准，就可以正常运行业务。其次要精心设计扰动，选择注入点。预先知道怎么去采集信号，在施加扰动后及时收集干扰造成的影响，并且把这个信号扰动以后的影响，从原有的稳态点、常态点剥离出来。

可以设计评测软件工具，把这些打包在一个软件内，方便大家去理解这些东西，便于该思想的理解和传播。

### 3. 场景分析

企业像人一样也会有压力和焦虑。在不同场景下，人会呈现不同的表现；在不同的市场压力下，企业对数字化的渴求程度是不同的。分析外部市场竞争的激烈程度，可以判断企业数字化转型的动机是缓解内心的焦虑，还是真实的业务趋势。

推动数字化的真实动力，来自企业复杂度与外部竞争不确定性之间的矛盾。业务不确定性的发展，带来转型的压力和内在动力。将这两者进行对比，可以评估数字化转型的必要性和紧迫程度。

## 8.4 数字时代组织的敏捷进化

组织是决定企业活动的底层结构，组织结构的演化成为支撑企业活动和转型成功的关键。未来组织的发展虽难以预测，但其核心功能"赋能"已日渐明显。组织正从传统的"控制"模式转变为基于"信任"的模式，从"集中"决策转向"分布式"决策，从"强制执行"转向"主动参与"，以及从"静态结构"转向"动态结构"。这些变化不仅反映了组织对内外部变化的适应，也体现了对员工能力和创新的更大信任，未来组织需要个体有更多的自主性。

在这个过程中，组织需要在混乱与秩序之间找到平衡，利用有序的混乱来激发组织的生命力。这种平衡要求组织在激活活力的同时，保持一定程度的秩序以确保效率和目标的实现。实现这一目标的关键在于寻找和应用简单的底层规则，这些规则能够指导组织在复杂环境中灵活应对，同时保持组织的核心价值和目标不变。

### 8.4.1 赋能型的敏捷组织

随着数字化时代的到来，企业面临的信息量剧增且变化迅速，传统的科层制组织架构已不足以适应这种快速变化的环境，这促使组织必须进行相应的变革。

工业时代的组织结构以层级架构为主，这种结构在执行效率方面表现出色。然而，在当今这个复杂多变的环境下，高效率并不总等同于高效果。即便是以执行力著称的军队，也从传统的层级式架构转向了更加灵活的小组作战单元模式。为了有效应对VUCA环境下的高度不确定性，美军的基本作战单元已经从大规模军团缩减至最基本的机动作战小组。这一变化反映了组织为了应对不断变化的挑战，提高动态和灵活的趋势。

#### 1. 从层级架构到敏捷组织

面临日益不确定性的生存，工业企业的组织正从传统的层级组织转向赋能型的敏捷、开放的动态组织，如图 8-10 所示。斯坦利·艾伦·麦克里斯特尔（Stanley Allen McChrystal）研究了未来军队的新型组织形态，并在《赋能：打造应对不确定性的敏捷团队》一书中拓展到商业组织。

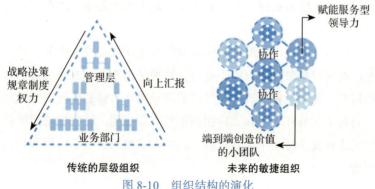

图 8-10　组织结构的演化

## 2. 知识型工作的组织

知识工作者的未来将更加侧重于创造性思维、解决复杂问题,以及跨学科协作的能力。持续学习和技能更新也将成为知识工作者职业生涯中不可或缺的一部分,因此组织的结构也变得更适合于专业知识的流动和共享,如图 8-11 所示。

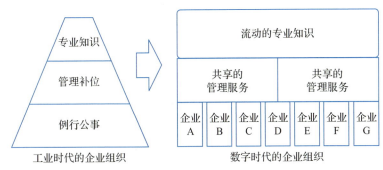

图 8-11　从工业时代的企业组织向数字时代的企业组织转变

在传统工业的组织中,工作流是明确的。不同职能部门以固定的工作流配合。图 8-12 所示为建筑设计公司的工作流程,这要求设计之初就能很好地把握客户的需求,随着设计的细化展开,仅需要少量的修改。

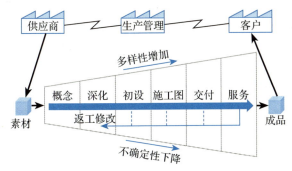

图 8-12　建筑设计公司的工作流程

随着行业发展逐渐成熟,需求越来越个性化,很难在设计之初就能把握住。敏捷的组织可以快速迭代,通过技术原型的多次迭代,降低客户需求的不确定性。扁平的组织也有分层的结构,如图 8-13 所示,但不再是专业上的分工,而是不确定程度的分层,每一层所需的"智能"程度不同,承担责任的复杂度不同。

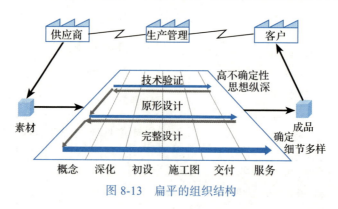

图 8-13　扁平的组织结构

乔布斯曾说:"消费者并不知道自己需要什么,直到我们推出产品,他们才发现,这正是他们想要的。"这种模式在许多面向消费者(2C)的产品开发中非常普遍,例如小米允许用户参与到手机的产品开发中。然而,在面向企业(2B)的工业企业中,用户和客户的参与度通常较低。随着数字化的推进,工业企业的用户和客户也会像消费领域那样深度参与产品研发。产业链上下游的企业为了互相渗透,调整各自内部的组织结构,使其更适宜于外部合作。

### 3. 分布式决策

为了适应数字化,企业组织变革的核心是减少数据量,提高数据产生决策的价值浓度。以核心高层为中心的集中式决策,必然分解为分布式决策,激活基本作业单元的自主决策能力和授权;

同时，日常决策实时处理，而不是逐级汇报，重大的决策定期上升到管理层会议。

分布式决策的组织如何保证整体的战略目标一致？高层仍然需要作为整个组织的大脑，但是需要从具体的决策升级到规则制定，从做具体的决策到设计决策机制、协同机制、冲突机制。

### 8.4.2 组织结构的优化与发展

组织的架构取决于组织的规模和协同的效应，图 8-14 是用计算机模拟的最佳企业组织结构，在不同组织规模和协同效应下，最佳的组织架构是不同的。在创业初期人数比较少，需要更多的相互补位，组织结构比较平等。随着企业规模扩大，协作的成本增加、收益减少，组织结构趋向于分层。自组织适合于超级合作者，随着人工智能的发展，涌现出越来越多这样的小团队或者超级个体。

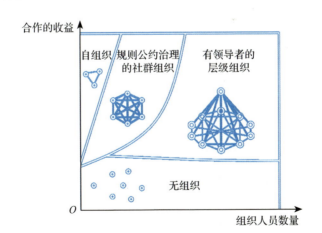

图 8-14　最佳组织结构的变化⊖

---

⊖ 引自圣塔菲研究所的研究。

我们可以用同样的方法，考察两种组织形态之间演化的路径，如图 8-15 所示。组织变革的路径类似最速降线的问题，在变革之初组织处于图中 $A$ 点，一开始不适宜做较大的外在改变，而是积累足够的势能，在现有的组织结构下推动一些小的行动，撬动大家先动起来。当大家逐渐接受了数字化的理念和做法时，再逐渐引导方向，推动可见的组织变革。

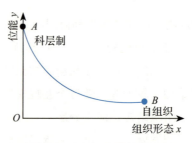

图 8-15　组织变革的过程

关于数字时代的企业组织，比较多的是描述未来的组织状态。实践中需要寻找一条能从现在组织转变为未来组织的可行路径。很多人觉得组织的变革就像一场革命，需要剧烈的变化和推动，但是基于大自然的智慧和最小作用力原理，可以指引我们寻找平滑过渡的转型路径，减少组织变革引起的剧烈冲突。

### 8.4.3　液态组织与自组织

未来的企业越来越不是个体的竞争，而越来越多依赖组织的结合方式。高级阶段的企业组织是软件定义的灵活组织。社会的结构逐渐从固定的结构，演化为液态的、可流动的结构。

#### 1. 灵活组合的液态组织

现在的机器人对人的模仿，还只是在体力、智力的某个方面超过人。更厉害的机器人,就像电影《超能陆战队》中的微型磁力机器人,如图8-16所示。单个磁力机器人很不起眼,但是可以任意组合成复杂的智能组合。每个智能单元遵循简单的规则:

1)彼此独立,通过磁力与其他机器人相互吸引。
2)离开了群体,虽然能够继续运转,但是功能变得很单一。
3)它是一种松散耦合的结构,因而具有更强的可扩展性。

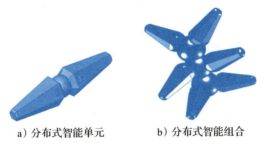

a)分布式智能单元　　　b)分布式智能组合

图8-16　分布式机器人

更极端的就像电影《终结者:黑暗命运》中的液态金属机器人,没有固定的形状,可以从液态变形成任意外形。

### 2. 动态自组织

数字化转型不仅是技术的革新,更是管理哲学和组织文化的转变。在传统的工业企业,特别是生产型企业中,纪律和秩序是至关重要的,6S(整理、整顿、清扫、清洁、素养、安全)文化就是这种重视秩序的体现。然而,随着数字化时代的到来,企业面临的环境更加动态,要求不仅保持秩序,而且要让这种秩序具备适应性和动态性,能够在变化中寻找机会,实现"乱中有序"。未来数字化的企业需要的是一种动态的秩序,这种秩序既能够适应外部环境的快速变化,又能保持内部运营的高效和有序。这要求企业不能简单地遵循固定不变的规则,而是能够在变化中自我调整和优化，实现自组织。

电影制作是一个典型的自组织体系的例子，它展现了如何在创意和执行过程中融合多样性、灵活性和协作精神，以实现共同的目标。电影项目通常是跨学科的合作，涉及导演、编剧、演员、摄影师、美术设计师、特效团队、音乐家、编辑和制片人等多个角色，尽管电影项目团队中的每个成员都有自己的专业领域，但大家共同的目标是创造一部成功的电影。这个共同目标促使团队成员自发地协作和调整自己的工作，以确保项目的整体成功。虽然导演通常被视为电影项目的创意领袖，但许多关键决策是由团队中其他成员根据各自的专业知识做出的。这种分散决策的方式增加了团队的灵活性和创造力。

制作电影的组织结构适合于很多创意、创新的项目。我们在很多科技创新企业都能看到自组织的影子，组织成员结构松散，但是团队成员必须持续沟通，密切协作，确保每个环节都能无缝对接。高度的协作和自我调整能力才能适应创作过程中的不断变化和挑战。

数字化企业需要从传统的秩序观念转向更加动态、自组织的管理模式，以此来适应快速变化的市场环境，促进持续创新和长期发展。在面对复杂和不确定性的环境时，过于刚硬和僵化的控制往往不如灵活和适应性强的控制有效。"柔弱胜刚强"强调的是适应性、灵活性和整体协同的重要性，而这正是数字化企业成功的关键。

自组织并不意味着放弃控制，而是一种更高阶、更灵活的控制形式。在自组织的系统中，控制不是由顶层严格施加的，而是通过系统内部的相互作用和反馈循环实现的。这种控制方式能够使系统更加灵活地适应环境变化，提高整体的韧性和创新能力。

### 3. 从雇佣制到合弄制

在数字化时代，传统的知识和技能获取方式正发生根本性变化。数字化对专家有更高的要求和挑战，要求不仅知其然，还要知其所以然，要能够对专业技能进行高度的抽象和提炼。经过提炼之后的知识能跨领域迁移。专家知识一旦流动起来，就能与不同的场景结合，创新地解决实际问题。知识的流动性不仅促进了创新，也为员工的个人成长和职业发展提供了广阔的空间。这一变革深刻影响了企业和知识工作者之间的合作方式，以及他们如何共同面对创新和长期发展的挑战。

以前，复杂而内隐的专业技能只能沉淀在专家个体身上，企业只有通过直接聘用专家才能获取其拥有的知识和智慧。随着数字化的深入，专家的知识、技能及思想有可能通过软件和数据服务的方式，脱离于专家而独立被数字化表达、传播和应用。

企业与知识工作者的关系，从简单的雇佣关系转变为更为复杂和动态的合作伙伴关系，员工不仅是执行任务的"雇佣者"，更是企业创新和发展的"合作者"，共同推动企业的长期成功。工作不再是传统意义上的长期和固定的雇佣关系，而是基于项目或特定任务的短期合同——即所谓的"合弄制"。企业鼓励员工内部创新、知识和技能的共享，并提供持续的学习和个人发展机会，确保员工不仅能够完成指定任务，还能够在不断变化的市场环境中保持竞争力。这种模式为知识工作者提供了更大的灵活性，使他们能够根据自己的专业技能、时间和兴趣选择合适的项目参与。同时，企业能够根据项目需求快速调配所需的专业技能和资源，有效提升项目执行的灵活性和效率。

从根本上讲，这种雇佣模式的转变是对"使用比拥有更重要"理念的实践。企业不必直接拥有所有资源，而是通过灵活的合作模式，实现对资源的有效利用和优化配置。"使用比拥有更重要"，数字化转型的团队不是一定要拥有最好的专家，但是要能使用最好的专家能力，通过跨部门、跨领域的合作，建立开放的创新生态，促进内外部资源的整合和创新。

数字化时代雇佣模式的转变，既是对技术和市场变化的适应，也是对更加公平、可持续和创新导向工作环境的追求。通过促进企业和员工之间的合作、灵活的工作模式、持续的学习和个人发展，以及跨领域的创新，可以实现企业和员工的共同成长和成功。

## 8.5 本章小结

数字化转型不仅是技术层面的升级，更是企业文化、组织心智模式和管理方式的全面革新。成功的数字化转型需要企业在技术创新的同时，也注重培养和发展富有创造力的组织文化，建立基于信任和协作的组织心智模式，以及灵活、开放的组织结构，从而实现企业的持续发展和竞争优势。

| 第三篇 |

# 探讨与展望

本书前两篇讨论了工业核心业务的数字化转型方法,提出系统的方法论和敏捷迭代的路径。在具体实践中,工业数字化转型会面临更复杂的挑战,不仅需要我们有思路、有方法,还要懂人性。要实现转型,可能涉及组织、文化的变革,甚至触及组织心智。企业家不仅需要突破认知边界,还要处理人们的情感体验。

本篇探讨的话题并没有标准答案,仁者见仁、智者见智。我将企业看作一个生命体,企业有自己的理智、情感、意志和行动,有价值选择与审美品味。

展望未来,数字化和智能化的技术依然迅猛发展,后工业时代的社会正在加速向前。虽然我们不能奢望预见和解决未来的问题,但是从企业生命体存在的根本价值出发,可以找到变化中的不变性。在面对全新局面和各种泡沫时,要有一份内心的坚定,冷静选择适合自己的行动,坚定地往数字化的深水区探索。

| 第 9 章 |

# 数字化的底层逻辑与哲学反思

本章从具体的业务数字化跳出来,从理论上探析推动数字化和智能化发展的基础逻辑。通过追根溯源的本质追问,找到驱动智能化的根本动力,以帮助我们理解数字化的底层逻辑。这些底层思考能让我们在推进数字化转型和业务变革过程中即使遇到诸多挑战,也保持笃定感。

首先,本章从社会整体发展的角度看企业。数字化转型的目的是企业应对生存压力的进化发展。现代社会的发展日益加速,社会结构日益复杂,企业竞争日益加剧,生存环境的不确定性驱动了企业的数字化转型。以社会生态进化论的视角看,数字化和智能化是企业为了适应越来越激烈的外部竞争而不得不进化出来的新能力。

其次,本章将从信息的本质入手深入探讨数字化的内涵。我们将追问数字化的根本意义，并探讨信息本身的特性。信息是什么？在物质构成中又扮演什么角色？随着数字化和人工智能的不断演进，我们将见证自主智能的觉醒。数据背后隐含的语义通过算法可以自主展现，这预示着数据中的自主智能正逐渐苏醒。在这个过程中，世界将发生怎样的变化？我们应如何理解强人工智能主导的新纪元？在后工业时代，人类与企业又将处于何种新的地位？

本章的最后将从哲学的角度深层次探讨所有存在之物的智能演化趋势。无论是企业、个人，还是无机生命体，它们的存在都随着自身的发展而减弱，竞争压力随之增大，面对的不确定性日益加剧。由此可见，不确定性是推动数字化进化的根本驱动力。

## 9.1 加速流动的现代社会

企业从创立到发展，信息量越来越多，问题日益复杂。当数据量和复杂度到了一定程度时，企业就不得不借助计算机、数据库等数字化技术，辅助人们处理信息。数字化是企业发展到一定程度后，为了适应竞争，最大限度地利用有限的资源，不得不做的转变。

是否要进行数字化，取决于企业发展的阶段。数字化依赖于企业工业化的基础，要有规模化的能力，通过技术和管理能把一类问题一揽子解决。数字化在这个基础上进一步抽象，提炼和抽取业务的根本特征，建立抽象的关系。缺乏扎实的工业化基础，想通过数字化弯道超车，可能导致欲速则不达。

### 9.1.1 加速发展的技术

工业革命后，现代技术的发展速度明显加快。在第一次工业革命期间，火车和铁路经过一百多年的发展才得到广泛应用。进入 20 世纪，飞机和汽车的普及仅用了 60 多年。到了第三次工业革命，计算机和手机的发展速度进一步加快。随着数字化时代的到来，互联网产品的迭代速度更是快得惊人。如图 9-1 所示，一个技术产品从发明到被 5000 万用户使用的时间已经从 68 年缩短到仅仅 1 个月！

图 9-1　技术产品被 5000 万用户使用的时间

技术发展呈现出显著的累积效应，新兴技术成为进一步创新的孵化土壤，导致技术生命周期大幅缩短。技术创新通常源于对既有技术元素的重新组合。通过自我解构，新技术在前一代技术的废墟上凤凰涅槃，以更先进的方法重组和创新。数字化代表了技术组合的新模式，使得原本固化于硬件中的工业时代知识和技术得以释放并以全新的形式重组，实现了软件对硬件的重新定义。

这种现象并不仅仅见于技术领域。哲学研究表明，任何存在之物的生命周期都呈现出逐渐缩短的趋势。如图 9-2 所示，无论是自然界、技术界还是思想领域，变化与发展的加速是普遍现象。这一规律在王东岳的著作《物演通论：自然存在、精神存在与社会存在的统一哲学原理》中被详细阐述，并被命名为"物演通论"。

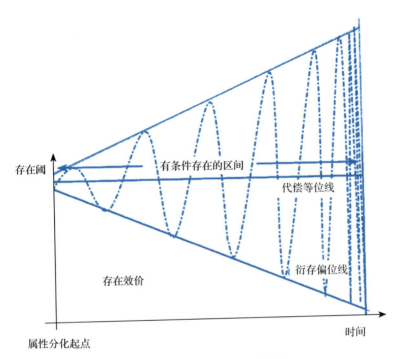

图 9-2　任何存在之物的生命周期

## 9.1.2　越来越流动的社会

企业的数字化反映了社会结构转型的大背景。社会学家齐格蒙·鲍曼在《流动的现代性》中指出，当前社会处在从"硬质"结构往"柔软"结构迁移的过程中。图 9-3 对比了不同形态社会结构的特征和理念。

| 科学范式 | 概念模型 | 工业革命 | 自然 | 社会 | |
|---|---|---|---|---|---|
| 系统科学<br>复杂性科学 | 个体：自主<br>群体：涌现 | 智能化<br>自动化 | 驾驭智力 | 独立IP | 气态社会 |
| 热力学<br>量子力学 | 个体：刚体质点<br>群体：场、熵 | 电气化 | 驾驭能源<br>热能<br>电能 | 管理阶层 | 液态社会 |
| 牛顿力学 | 个体：刚体质点<br>群体：晶体 | 机械化 | 驾驭机械 | 层级架构<br>理性经济 | 固态社会 |

图 9-3　不同形态社会结构的特征和理念的对比

传统工业社会的结构是"硬"的、固定的，局部的变动会导致全球的变化，而后工业时代的结构完全是"柔软"的，可以任意变形，但是可能保持拓扑结构的某种不变性。在数学上，这种转变可看作光滑的流形㊀。从短期的小尺度来看，我们的生存时空局部是"硬"的，而整体结构则是"柔软"的，整体的形态是流动的。

现代社会的中心，逐渐从物质"硬件"转向信息"软件"。工业时代，企业的财富主要是固定资产，如厂房、设备被束缚于固定的土地上。为了最大限度地利用固定资产，企业需要追求规模效应。在数字化的智能时代，企业的财富主要是数据、知识、技术等信息资产。企业开始追求灵活性、适应性和弹性。全球公司的市值排行榜上，资产类、能源类企业的排名逐渐下滑，科技类企业则稳步上升。自2016年起，科技类的互联网企业逐渐取代资源类的重资产企业，成为市场的主导力量。这一变化反映了全球经济结构的调整，科技创新和数字化转型正在推动资本流向新兴的科技产业，传统的资源类企业则面临相对大的竞争压力和市场份额的缩减。

数字化能最大限度地发挥生产资源的效用。固化的生产资源得以解放，并通过更灵活的方式进行重组，催生了共享经济，有效地整合了资源。在数字空间中，资源共享变得更加容易。例如：5G通信通过在时间上进行分时复用，在频带上进行分频复用，在有限的带宽内实现了更高速、可控的通信；云计算则通过共享富余的算力，形成了新的商业模式。这些技术不仅提高了资源的利用率，还推动了创新型经济模式的发展。

---

㊀ 流形（Manifold）是近代几何的重要概念，是可以局部欧几里得空间化的一个拓扑空间，是欧几里得空间中的曲线、曲面等概念在非欧几里得空间的推广。

## 9.2 不确定性驱动数字化的演进

数字化不应该是统一的标准状态，有价值的数字化应当与业务需求相匹配。数字化的程度会随着业务的发展逐步提升，并且随着业务不确定性的增加而不断加深。

### 9.2.1 产品智能化的演进趋势

把数字化放在历史的视角，以更大尺度来看，能更容易看清方向。回看计算机的发展历史，可以看出任何产品智能化的发展模式。

早期计算机软硬件是整体提供的，软硬件并没有分离。在20世纪80年代，IBM面对日益增长的个人计算机市场，决定采用开放结构，产生了划时代的IBM PC兼容机，很快变成了业界标准，不同的生产商可以生产兼容IBM PC的硬件和软件。计算机实现了硬件和软件的分离，逐渐产生了标准的硬件总线和通用的操作系统。

硬件变成标准的板卡。主板内置标准的扩展卡槽，插上相应的板卡，如显卡、声卡、内存条等，就能扩充计算机的硬件功能。板卡之间的接口是通用的总线标准（如ISA总线、PCI总线），不同厂家的板卡具有相同标准的接口，就能即插即用。

软件也分化为应用软件、操作系统。IBM把操作系统DOS（硬盘操作系统）外包给一家当时名不见经传的小公司：微软公司。虽然用户使用计算机的需求快速变化，但是操作系统的变化缓慢，越下层的基础软件越稳定，而硬件的生命周期就更长。各种应用软件可以运行在不同的硬件上，只需要安装驱动程序。应用软件从硬件剥离之后，获得蓬勃发展，并用互联网连接，进入现在移动互联的时代。

计算架构也相应地经历了这些演进，如图 9-4 所示。

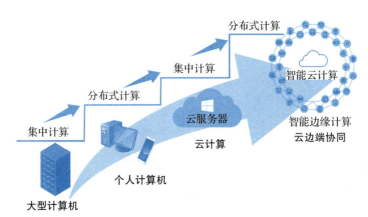

图 9-4　计算架构的演进过程

不仅是计算机领域，似乎所有的产品都遵循这一发展趋势：软硬件分离，软件从硬件中凸显和分离出来，扮演越来越重要的角色。《哈佛商业评论》报道了对此结论的实证研究，图 9-5 所示为约翰·迪尔（John Deere）的拖拉机智能化的发展进程。

1）硬件产品：这是拖拉机最初的形态，产品的功能主要取决于拖拉机的硬件本身。

2）智能产品：拖拉机中软件逐渐增加，产品的功能主要取决于软件。在网络通信领域，思科率先提出软件定义网络（Software Defined Network，SDN），此后出现了越来越多由软件定义的智能硬件。

3）智能联网产品：在智能产品的基础上，增加网络通信的功能，拖拉机可以与周边的产品通信，并在云服务支持下变得更加智能。联网产品的功能取决于互联的多个产品组合。

4）产品解决方案：把拖拉机的设备与播种机、松土机和联合收割机组合在一起，放在农业作业的场景中，形成完整的价值

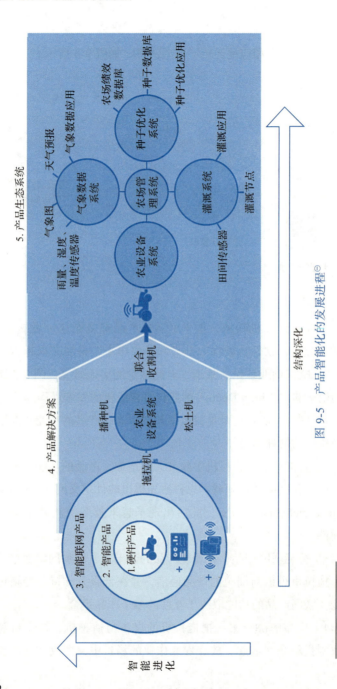

图 9-5 产品智能化的发展进程○

○ 根据《哈佛商业评论》的 "How Smart, Connected Products Are Transforming Competition" 重绘而成。

创造方案。功能超越了软硬件产品本身，通过多个产品的组合应用，人们的关注点从单一实体转向农业作业设备的功能和价值。

5）产品生态系统：把农业设备与灌溉、种子优化和气象数据系统综合在一起，从最终农业产出的角度，关注更本质的价值。数字化和智能化使得产品从提供单一功能的工具，逐渐变成提供整个解决方案，甚至实现价值的完整场景。

在这一过程中，产品的软性特征变得越来越显著，硬件的功能正逐步被软件重新定义，而系统的功能日益由数据驱动。数字化和智能化正改变着任何工业产品在市场上的竞争格局。任何产品的发展似乎都遵循着一个共同的趋势：从具有单一功能逐步演进成可以灵活配置、可重组的系统。这一演进过程体现了从简单到复杂、从固定到灵活的转变。

2011年，网景通信公司的创始人马克·安德森（Marc Andreessen）在《华尔街日报》发表了一篇标志性文章《为何软件正在吃掉整个世界》。此后，"软件定义"的概念被广泛认可，涵盖了软件定义的产品、机器、数据中心、网络以及业务流程，而且这一概念还在不断演进，向数据驱动的智能决策方向发展。随着我们从信息化时代过渡到数字化时代，这一趋势在加速。有观点戏称："软件吃掉了这个世界，现在人工智能正在吃掉软件。"

## 9.2.2 数字化演进的驱动力

数字化的驱动力来自业务的不确定性挑战。随着业务的发展，信息量越来越多，需要更高级的数字化技术来处理信息。数字化的程度与业务的不确定性之间的关系如图9-6所示。虽然数字化演进的量化过程未必是线性的，但是图9-6可以启发我们的思路，帮助我们找到与业务不确定性最匹配的数字化方案。数字化关注的是增量和变化，面临更加复杂的内外部不确定性，需要选择最适合当前业务的数字化方案。

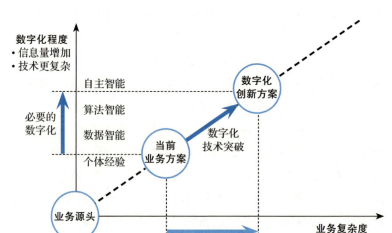

图 9-6　数字化程度随着业务复杂度同步提升

当难以选择具体业务场景的数字化时，不妨假想自己回到业务的源头，在企业创业之初会怎么思考和开展业务，这往往蕴含了业务最本质的底层逻辑。

数字化是企业自身的修炼过程，是以客户为中心，最大限度地适应市场竞争的过程。务实的数字化需要根据业务的不确定性程度，选择满足且仅满足最低程度的数字化。对智能算法的需求，来自商业竞争中的不确定性，所以追溯不确定性程度的变化，可以把握数字化的进程。

## 9.3　信息和智能的哲学反思

对数字化的本质追问，与信息的哲学思考有关。公元前 6 世纪，古希腊的泰勒斯提出"万物皆水"，追问万物的"原始质料"和"基本粒子"，开启人们对物质的哲学思考。现代科学沿着古希腊哲学的思路，从分子到原子，再到更为基础的粒子的微观世界，探索世界的基本元素，每个时代有不同的版本⊖。

当今时代的主题是信息。1948年香农发表《通信的数学理论》，建立了信息论⊜，当时通信的基本问题是精确地发送与接收信息，而不关注信息的内涵和价值。香农信息论是以概率论、随机过程等数学为基础，研究通信系统的高效传输，只关心信息量，而不关心信息价值。

通信技术开启了信息时代的大门，数字化延续信息革命，信息不仅仅是通信的符号，信息承载的语义还能自动驱动行动。现在，数字化转型非常关注数据的语义，尤其是数据对物质实体的反作用能力。信息社会已然进入全然一新的新时代，数字化需要新的理论来理解信息。

目前缺乏有效衡量数据价值的信息论。哲学是科学是前瞻，从哲学角度研究信息的本质和基本原理，包括对信息的动态利用和批判性研究，有助于我们把握数字化的方向。若不进行哲学底层的思考，有关数字化的概念就容易单薄无力，边界模糊，概念混乱。

## 9.3.1 赛博系统

在英语词汇中"Cyber"比"Digital"更贴近数字化的本质。Cyber一词源于希腊语中的"Kubernetes"，意为"操舵员"或"飞

---

⊖ 爱因斯坦的质能方程揭示了物质与能量的关系，从能量的角度完美地解释了物质的"原始质料"。量子力学的研究正在揭示能量与信息的关系。

⊜ 香农被称为"信息论之父"。人们通常将香农于1948年10月发表在《贝尔系统技术学报》上的论文"A Mathematical Theory of Communication"（通信的数学理论）作为现代信息论研究的开端。

行员"。1947年，诺伯特·维纳（Norbert Wiener）首次使用这个词创立了控制论（Cybernetics）。

在过去的几十年里，"Cyber"已经成为信息时代新技术的标志，代表了当时技术条件下的"数字化"，主要涉及通过计算机、网络和电子工具进行的控制和管理。例如"Cyberspace"（赛博空间）、"Cyberwar"（网络战）、"Cyber Attacks"（网络攻击）、"Cybercrime"（网络犯罪）和"Cybersecurity"（网络安全）等词汇。"Cyber"在中文中通常被直译为"赛博"，由此衍生出如"赛博广场""赛博公司"等表达。

### 9.3.2 信息哲学

人工智能的发展促进计算和信息的哲学研究，诞生了"信息哲学"。20世纪90年代，哲学家提出了哲学的"计算转向"或"信息转向"。

信息、物质和能量被公认是构成所有存在的基础要素。爱因斯坦的质能方程展示了物质与能量之间的转换规律。虽然关于信息的本质，尤其是其语义内涵层面，我们仍处于探索阶段，但已有理论猜想：信息与能量之间可能存在类似于质能之间的转换关系，并且信息可能是最根本的存在形态。美国著名哲学家丹尼尔·C. 丹尼特（D. C. Dennett）提出，信息的概念或许能够帮助我们在某个统一的理论框架下，将心智、物质与意义融为一体。也就是说，信息的概念有可能将波普尔所说的"三个世界"统一于一个全面的理论框架之内。

公元前500年，一批先驱哲学家的思辨活动唤醒了人类的自我意识，使哲学从神话传说中独立出来，这一时期被卡尔·雅斯贝斯定义为"轴心时代"。自此之后，约500年前的文艺复兴和启蒙运动促进了现代科学的形成，为人类带来了理性的光芒，这标志着第二轴心时代的到来，即理性大觉醒时代。沿着这一思路，王飞跃进一步提出，我们目前可能正处于人类历史的第三轴心时代，这一时代的特征是人工智能技术激发了隐藏在数据中的智能，使得数据背后的语义得以自主展现，象征着数据中自主智能的智能大觉醒，如图 9-7 所示。

图 9-7　人工智能引发第三轴心时代[一]

任何新技术都存在双面性，我们只有充分了解其潜在的副作用，才能有效地利用它。在推动数字化转型的过程中，我们不应仅局限于技术层面或是单纯追求商业利益，而应该利用数字化努力营造一个更加美好的新世界。面对智能社会的快速演进，我们迫切需要深化哲学思考，以防范可能出现的伦理问题，并为后工业时代塑造一个新的社会秩序。

## 9.4　转型和发展的哲学反思

工业数字化转型以发展和进化的视角应对企业面临的挑战。历史的宏观视角显示，数字化转型是企业自然演化过程中的必然

---

[一] 王飞跃. 平行哲学：智能产业与智慧经济的本源及其目标 [J]. 中国科学院院刊, 2021, 36(3): 308-318.

环节。哲学对自然和社会的探究揭示，所有事物在历史的演化过程中都展现出两个明显的趋势：智能水平的逐步提升和社会关系的不断复杂化。

### 9.4.1 自然演化的方向

人类和自然的发展史，就是信息量不断增加的进程，如图9-8所示。社会的发展史，是社会结构日益致密的过程，技术的发展也推进了世界全球化，互联网上的世界是平的㊀。商业价值网络进行上下游纵向整合，最后横向跨界合作，企业越来越"智能"，但是生存压力其实越来越大，生存状态越来越飘摇。

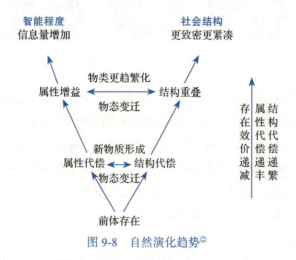

图9-8　自然演化趋势㊁

### 9.4.2 竞争位态驱动社会进化

以业务为中心的数字化转型，其底层逻辑是企业的外部竞争

---

㊀ 弗里德曼. 世界是平的 [M]. 长沙：湖南科学技术出版社，2006.
㊁ 王东岳. 物演通论 [M]. 北京：中信出版集团，2015.

决定了数字化的程度。企业从初创到发展面临的外部竞争和内部能力提升,可以简化为图9-9。企业在发展过程中面临日益激烈的竞争,生存压力越来越大,存在度持续下降。为了维持竞争优势,企业必须发展能力,表现为智能程度越来越高。数字化就是企业提升智能程度的过程。

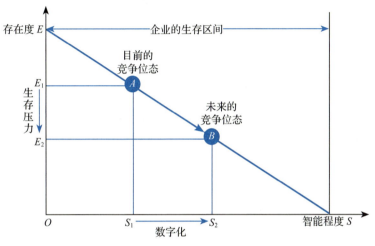

图 9-9　企业随着竞争加剧的演化趋势

企业初创时最具有灵活性,如图 9-9 中存在度较高的 $A$ 点。当企业发展壮大后,开始建立标准化的流程制度,或者引入自动化的产线,以提高规模化生产效率。标准化削弱了企业的灵活性,内在存在度开始下降。为了维持较高的灵活性,数字化、智能化等有形的信息系统补偿内在灵活性的损失,面对外部的不确定性仍能维持一定的竞争力。数字化可以被视为对企业竞争力丧失的一种补偿。通过采用新技术,企业能够提高效率、降低成本、增强客户互动和满意度,从而在激烈的市场竞争中恢复或增强其竞争力。

相对封闭的企业，内部的熵增效益比较明显，会产生各种"内卷"。"穷则思变"，内部信息熵增形成破坏性的张力，以较为激烈的方式驱动内部的变革和数字化转型。相对开放的企业，容易从外部吸收新的技术、思想和文化，新思想被企业整合到自身信念体系中，一些部门扩展出新的功能，以柔和的方式承担引领变革的责任，发展出企业的第二曲线创新。

数字化不仅增加了企业的智能程度，众多数字化的企业也改变了商业价值网络。工业互联网利用新的信息流将更多的企业更紧密地连接在一起，上下游产业链纵向整合，不同领域的企业跨界合作。对于行业领先的企业，熵增产生的内在压力会传导给行业上下游。当信息量进一步扩张，企业内部无法补偿出足够的新功能时，企业就会被"肢解"，并通过兼并、重组与其他企业组成新的联盟。

## 9.5　本章小结

本章深入探讨了数字化和智能化的底层逻辑，以及信息的哲学意义。我们发现，智能化是一个普遍存在的趋势，不限于企业，同样适用于个人和无机生命体。随着事物的发展，竞争变得更加激烈，不确定性不断增加，这促使更加复杂的智能形式出现。因此，不确定性是推动数字化和智能化的驱动力。

信息是企业发展和转型的核心要素，而数字化标志着企业对信息的更高级别利用。随着数字化和人工智能技术的不断演进，我们正迈入一个自主智能觉醒的新时代。面对人工智能引领的世界性变革，在这个由强人工智能主导的新时代中找到自身定位，已经成为我们必须深入思考的重要时代课题。

本章旨在帮助读者以更加宏观和深入的视角来理解数字化的

本质。通过深刻的哲学思考，我们一方面对数字化发展的趋势坚定不移，另一方面也要小心谨慎，避免过度发展的智能技术给人们带来更大的麻烦。在推进数字化转型的过程中，我们应该"知止而后动"，只有充分考虑了潜在的风险和副作用，才能更加坚定地推进数字化。

| 第 10 章

# 未来展望

数字化转型之所以困难,是因为我们需要解决的问题本身更加复杂,数字化的复杂性实际上源自问题的复杂性。在后工业时代,企业面临的问题日益复杂化,不得不依靠数字化和人工智能来简化问题处理过程。因此,数字化的本质在于简化问题,帮助企业更高效地应对挑战。

本章探讨智能的底层本质,并对数字化的未来趋势进行展望,对企业及个人提出行动建议。数字化是企业智能的发展,将企业自身的竞争力数字化,产生倍增的效应。数字化重构产业链,工业互联网拓展产业链上真正有价值的通路。

数字化正在蓬勃发展中,未来会有更多新的技术、应用和成功的案例。我们虽不能预测,但是以历史的大尺度视角可以把握智能演化的基本脉络。智能使人从动物中脱颖而出成为万物之王,人类的发展史就是人的智能化进化史。

## 10.1 不同行业实施数字化的差异

不同行业的复杂度不一样,在不同的发展阶段,同一个行业不同职能的复杂度也不同,因此不同业务的数字化也是不一样的。数字化的价值,在于抑制不确定性。数字化帮助企业提高快速响应能力,进而更好地应对不确定性。同样的风险,对不同行业的影响也不相同。比如,疫情对有的行业冲击很大,对有的行业影响却很少,甚至还逆势增长。

数字化技术会在不同行业扩散,如图 10-1 所示。不同产业的数字化进程是不一样的,可以用业务规模和变化周期度量各产业实施数字化的难度。直接销售终端产品的企业,面对市场的不确定性会更快地做出调整,容易积极主动地采用数字化技术。而 2B 企业的情况差异就比较大。处于不同的行业,在上下游不同的位置,受不确定性影响的程度不同,决定了 2B 企业数字化转型的紧迫性不同。规模越小、周期越短的产业,如快消品、轻工业,是比较容易实现数字化的;而规模大、周期长的产业,如重工业、电力、交通等领域,实现数字化的难度较大。

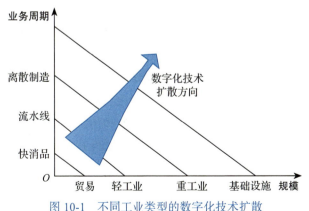

图 10-1 不同工业类型的数字化技术扩散

### 10.1.1 产业链位置的差异

2B 企业销售原材料或零部件，这些企业连接成一个生产网络，最终由整机厂家进行集成，提供最终的产品，卖给用户。这些企业的生产关系可以用网络表述，如图 10-2 所示。

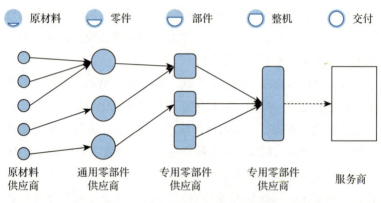

图 10-2　上下游企业的市场模型

上下游不同位置的供应商，根据自己受市场波动的程度，可以采取不同的数字化策略。靠近用户的下游供应商，需要采取比较积极的数字化策略，尽可能感知用户需求的变化和商业结构的调整，及时对产品和服务做出调整，甚至能够预测变化的趋势，及早做好准备。而远离用户的上游供应商，比较难以感知到最终用户需求的变化，可以采用保守的数字化策略。

商业活动中的众多信息被数字化之后，可以从消费者反馈到生产者。每一级的供应商，根据自己获得的反馈信息采取应对措施，消除不确定性对它的干扰和影响。如图 10-3 所示，随着信息往上传递，不确定性逐渐降低，2B 的上游供应商较少能感知到市场的不确定性波动。所以当商业发生结构性变化时，上游不如下游供应商那样能强烈地感受到冲击和影响。

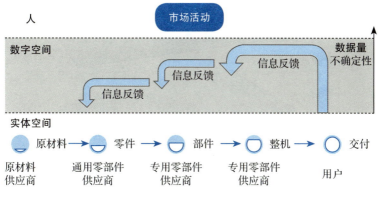

图 10-3　信息反馈

## 10.1.2　行业的差异

2B 企业的业务，从材料、零部件到核心组件，形成层次传递的供应链，如图 10-4 所示。越是上游供应商，生存位态越稳定；越是下游的供应商，越容易受到市场的扰动。

整个产业链的结构正从坚固的强连接转变为松散的弱连接。原本硬质的固态社会结构逐渐变为软质的液态社会，这一变化是逐步展开的。从最终用户的使用场景开始发生变化，用户需求的变动逐级传导至产业链上游，越靠近用户的环节越容易受到影响。上游的供应商如果能够直接接触用户，便能感知到市场趋势和变化，从而提前做好准备，把握先机。

## 10.1.3　工业数字化对其他行业的启示

工业产业经过多年的发展，为了规模化生产，建立了完整的产业链，以及岗位和分工体系。前面我们主要探讨，工业企业在探索数字化新技术对这个体系的冲击。

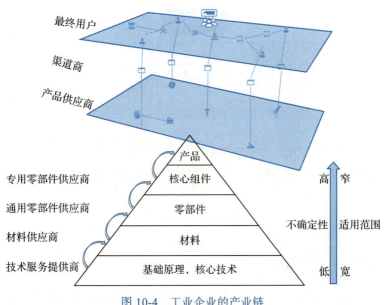

图 10-4　工业企业的产业链

但是,还有一些产业还处在手作坊式的个人生产,如教育、策划、咨询,强烈依靠个人能力。但是,随着这些产业发展到一定程度,要规模化发展也面临工业企业曾经的转型,从依靠个人的作坊式,到依靠体系的工业化。虽然工业化不一定能带来最极致的创意,但是能在保证一定品质的前提下规模化。这些行业首先是要工业化。

产业的发展是不均衡的,有些产业已经在智能化。工业企业在向互联网公司学习数字化,而这些创意类产业,在向大型的工业企业学习。每个行业,其实遵循类似的产业发展逻辑,从简单到复杂。外部的关系和竞争越来越复杂,定位越来越细腻;内部的分工越来越精细,合作越来越密切,深度融合。随着业务复杂度的提升,外部的合作关系日益复杂,内部的组织架构也必然相应地变革。

## 10.2 选择适合自己的数字化策略

数字化不是时髦的趋势，千万不要看到别家都在推进数字化，自己也迫不及待地投入而又抓不住头绪。工业企业要根据自己在产业链中的生存位态，选择适合自己的数字化策略。不要让数字化成了释放决策者焦虑的手段。如果缺乏对数字化深度的冷静思考，盲目而急促地推进企业的数字化转型，其实反映了组织焦虑的心态，担心自己几十年积累的优势，在新的时代突然荡然无存。

数字化必须围绕企业的核心竞争力，不能加强企业核心竞争优势的数字化，是不可能帮助企业实现转型的。现实情况是，很多企业对自身当前的成功缺乏深度思考，对成功的要素缺乏提炼，以至于面对新的挑战和机会缺乏自信和定力。

《孙子兵法》中有"昔之善战者，先为不可胜，以待敌之可胜。不可胜在己，可胜在敌。故善战者，能为不可胜，不能使敌之必可胜"这段话。面对数字化的浪潮，工业企业不需要竞相学习互联网公司"成功"的最佳实践，而要根据自己在产业链中的位态，以不确定性为基准选择自己的策略。产业链比较短的下游供应商，就要采取更积极的数字化策略，直连用户，快速迭代。而产业链比较长的上游供应商，不必太着急，稳步构建与数字化相正交的新竞争维度，在大家都追求更多数字的时候，追求信任与品牌。

### 10.2.1 数字化的充分必要条件

现代化就是系统地将人类从随机性的生态环境中驱逐出去。工业企业长期的管理体系中，人被异化为工具。在片面追求效率增长和效用优化的过程中，人失去了从变化中学习和成长的动力。而古代的匠人，则有更强韧的抵御不确定性的能力。收入的波动性使匠人不断从环境中学习，在持续的压力下保持竞争力与适应力，继而获得调整的机会。

防止一个反脆弱性系统出现随机性，并不是什么好主意；相反，添加随机性却可以改善反脆弱性系统的运转。这在各个领域已获得应用。通过随机共振，即增加一些随机性噪声，会让人听到的声音更加真切。在冶金工业中的退火工艺，会让金属更强韧，质感更均匀。

有效的控制需要足够多样性的控制手段，调节器的多样性能压低干扰所引起的多样性，只有用多样性才能破坏多样性。这就是艾什比在《控制论导论》中提出的必要的多样性（变异率）定律。

数字化要跟业务的不确定性挑战相匹配，满足以下充分必要条件：

- 必要性：深刻洞察真实业务，不画蛇添足。从业务的必要性挑战出发，而不是为了强推工业软件或数据服务。基于真实的业务需求，解决最不确定的挑战，才能取得用户的信任。
- 充分性：解决业务困境，以终为始。采用足够有效的技术，能够切实创造价值。不必求全，但对承诺的问题有足够的手段和控制能力，说到做到。伤其十指，不如断其一指，等工业 App 真正被用起来后，再开发新的。

作为应对不确定性的数字化手段，不能过于复杂。数字化的程度和节奏，要与不确定性挑战匹配。小企业不能照搬大公司的数字化方案，先分析自己的价值流，定位最大的浪费环节，消除不确定性造成的浪费，逐步推进。

## 10.2.2 积极的数字化策略

开放性较强的企业，更适合采取积极的数字化策略。无论是直接接触最终用户，或者间接地影响用户体验，都能更好地满足用户需求并提升服务质量。

处于上游的 2B 型企业距离最终用户较远，数字化的重点是信息感知，通过数字化提高获取信息的广度和速度，更及时地感知市场的结构性变化，甚至预测市场变化的趋势。在维持其商业模式和产品形态的同时，提前做一些准备。而下游的 2B 型企业，由于比较靠近最终用户，数字化场景比较丰富，不能仅停留在感知层面，还要能构成完整的价值闭环，基于感知做出更快速的反应，提供交付的体验，甚至快速迭代产品的设计。

### 1. 在线销售 2B 工业产品

标准的工业产品是非常适合互联网销售的，其产品参数明确，商务条款清晰。很多 2B 产品采购，技术要求比较清晰，需求明确，决策过程理性，适合在线交易。第三方的在线交易平台可以满足大客户稳定持续的大规模采购，占据销售的大头。有的 2B 企业也建立自主的销售平台，替代线下的大客户销售。

新能源汽车行业有很多积极数字化的案例。以三一重卡为例，作为卡车市场的后来者，三一重卡采用互联网直销卡车的方式，将售价降低了 10%～20%，比其他重卡便宜了 5 万～8 万元。首批 500 台车采用互联网销售模式，仅用 53s 便全部售罄，创造了重卡行业互联网销售的纪录。除了互联网销售减少了赚取差价的经销商环节外，他们还通过自动化生产线和供应链优化来进一步降低成本。

### 2. 贴心服务，建立信任

2B 产品的售前、售后都比较复杂，需要一套完整的涵盖研发、生产、销售、服务的新商业模式。在供应链上下游之间，基于数据平台和知识交流，建立更紧密的连接。

2B产品的售前服务可以开发相应的知识库，或者将零部件的性能封装成模型。作为买家的整机企业技术人员，将零部件的模型嵌入整机的产品研发中。虚拟样机的技术，可以扫清售前的技术障碍。

基于网络建立客服的新模式，上游企业的研发人员和下游的技术人员能够直接对接，确保上游的零部件产品在使用中发挥了应有的水平。

三一重卡通过建立红色联盟，采用售后服务加盟制。与传统企业繁杂低效的质量问题反馈解决流程相比，三一重卡的售后部门直接负责收集问题并与产品研发人员直接对接，中间环节被大幅简化。产品研发人员需要在第一时间给出解决方案，通过快速解决问题，产品也快速迭代，逐渐成熟与稳定。

### 3. 直连用户，更懂需求

新的商业模式让企业能直接连接用户，在与用户的互动过程中，更深刻地洞察需求，进而提供更贴心的产品，提高用户的满意度和对品牌的忠诚度。

三一重卡在与司机的直接互动中，了解并满足了司机很多潜藏的需求。如：卡车上自带无线网络，在大屏上能看到车辆的运行状况；使用成熟动力链；卧铺尽可能宽一些；加装了微波炉、电视、冰箱、逆变器等家居设备。卡车在长途运输中，司机可以在车上做饭、睡觉、生活。

不仅集成商可以接触用户，2B销售的产品也可能触达用户，影响用户体验。比如汽车的发动机、电脑的CPU等，虽然用户不直接购买，但是会有直接的体验。这类2B的企业可以免费给用户提供App，提供知识性服务，在互动中收集数据，洞察需求，并反馈到 2B 产品的设计中。

专门给万科等房地产企业配开关电器的供应商，在满足电气开关功能的同时，增加一些智能化组件，集成到智能家居，给用户提供更有触感的体验。在给用户提供附加服务的过程中，建立了良性的互动。

他们可以提供售前服务，开发电气设计的软件，将产品的功能模型化，集成在家装设计中，让用户根据自己的需求选择组件。

只要 2B 的企业能够直接影响最终用户的体验，就能影响 2B 端的销售，因为 2B 的客户需求根本上还是来自最终用户的需求。

### 4. 小步快跑，敏捷迭代

以敏捷迭代、小步快跑的方式，推进数字化转型。这样风险小，企业家比较容易接受。这里的关键是设计快速收敛的机制，能积累每次尝试的经验、教训，并用在下一次的尝试中。最终，若干个点状的尝试，就连成一条清晰的、最适合自己企业的数字化转型路径。

迭代过程中，还要选好评价指标。在动态迭代中，经营指标难免反复，有时候差的表现可能是变好之前的反弹。好的评价指标，能让我们更耐心地多等待一段时间。

### 5. 主动试错

除了被动感知，也可以主动推出一些迭代和试错的产品来测试市场的反馈。基于反馈，及时调整产品定位和研发项目。面对新的智能化时代，上游供应商有较宽裕的时间窗口，但是，如果蓦然不动，待不确定性波及整个产业链的时候，毁灭性的颠覆可能突然发生。

### 10.2.3 保守的数字化策略

有竞争优势的 2B 企业也可以选择保守的策略。保守的策略不是无动于衷,而是系统性地巩固自己的护城河,拉大竞争的壁垒,采取保守的策略。

- 通用与开放:产品通用化,与特定应用解耦。扩大自己产品的适用范围,不仅满足特定下游企业,甚至满足特定行业,还从狭窄的供应链中释放出来。
- 产品标准化:高内聚,低耦合。将产品封装为用户方便使用的形式,降低使用难度,甚至即插即用。
- 投入研发,专利保护:推动行业标准,甚至跨行业的标准。
- 扩大规模,降低成本。

产业链最上游的供应商,适合保守的策略。虽然商业价值网络变迁,但是有竞争优势的企业仍能保持比较舒适的生存空间。它们也可以采取混合的策略,在保守策略之余,积极采取单向的数字化。只是收集数据,商业模式和产品并不急于变化。关注感知趋势,能及时预测市场变化,提前做好准备。

#### 1. 通用与标准

2B 的工业产品与下游耦合比较紧密,是类似刚性的连接。在 VUCA 的时代,以通用的接口实现上下游供应的解耦,变刚性连接为柔性连接,也不失为一个良好的策略。

以通用化与特定应用解耦,能扩大自己产品的适用范围,2B 的供应渠道就被打开了。不仅满足特定企业、特定行业,还从狭窄的供应链释放出来。因为产品具有通用性,最终的集成商,甚至最终消费者也可以直接采购 2B 的产品。

通用化不仅拓展了销售的渠道,更重要的是扩大客户面,提高了生存的适应度。如果说"数字化"是智能时代企业不得不面临的方向，那么通用化可以让企业晚些采取行动，为更好地准备数字化转型赢得战略时间。

计算机的发展历史就是通用化的典范，回顾早年这段历史，对今天 2B 企业的数字化转型仍有启发。

支撑通用化的是接口的标准化。计算机能分化为许多通用的板卡，取决于通用的总线标准。

那么谁来主导标准？是整机厂家，还是核心零部件供应商？我认为这取决于谁掌握知识和技术，谁更了解全貌，谁知道用户的需求是如何被分解和传递到各级零部件的。一般整机厂家更了解全貌，但是在信息产业，像 Intel（英特尔）、Nvidia（英伟达）这些芯片厂家似乎更占据知识的高地。这些高科技公司，不仅了解芯片本身，还深入研究计算机技术的变化和发展，制定计算相关的标准，如 CPU 指令集、GPU 并行计算框架。

在很多工业企业，2B 供应商只知道客户提出的片面需求，而不知道这些需求的来源，不了解最终用户的需求，看不到需求的完整链条。一旦市场上用户需求变化，就会被逐层放大传递到上游供应商，每一层放大又叠加了更大的不确定性扰动，就像"牛鞭效应"。

要加固自己通用化的能力，2B 的企业也要参与标准制定。通信行业逐渐认识到标准的重要性，经历从 1G 空白、2G 跟随、3G 参与、4G 同步，到 5G 主导的艰难奋斗历程，通信行业在移动通信标准领域逐步实现了话语权从无到有的全过程。移动通信标准竞争的背后是产业主导权和技术控制权之争，标准的升级是新的"通用化"取代旧的"通用化"。在新的标准下，上一代技术"通用化"壁垒荡然无存。

因此，要支撑商业的"通用化"保守策略，就要更开放地投入标准，不仅开放自己的标准，还建立支持这些标准的联盟，让自己的"通用化"更有生命力。

这些都需要极大的研发投入。为了保护公司利益，需要采取相应的专利保护策略。化学材料、药品公司虽然在产品上采取消极的数字化策略，但是积极投入新产品研发。

### 2. 界面友好的封装

2B 的产品具有基础性的特点，有专业复杂性，不太容易被客户理解。所以一般只是与下游客户的专业技术人员对接，作为零部件集成在下游产品中，整体上提供给最终客户。

为了扩大其客户面，2B 企业需要将专业内容进行封装，产品设计在易用性上下功夫，进行防呆设计，让新客户上手容易，降低新客户学习和迁移的成本。

### 3. 知识产权与数据主权

高速发展的数字化技术与原有知识产权的制度惯性和思维惯性不平衡。数字化给知识产权的理论提出新挑战，例如：

- 人工智能创作的成果，能否成为知识产权的主体？
- 基于各方大数据训练的模型，其成果收益如何分配？被大量摄像头数据训练"聪明"的人工智能，是否应该给那些提供训练样本的人分享部分知识产权？
- 知识产权具有地域性，其效力只在授予其权利或确认其权利的国家产生。但是数字化天然具有蔓延和扩展性，具体在企业采用怎样的策略保护数字化技术？

数据只有流通起来才有价值，数据价值在流通过程中体现。现在缺乏好的分配机制，大家都不愿意分享数据。遮遮掩掩的数据，大大阻碍了数据的流动，限制了数据闭环的价值。

### 4. 权威和口碑

保守的数字化策略，要投入额外的工作。建立标准，打造生态，并非单纯地为行业做贡献，因为只有站在行业角度，才能最大限度地挖掘价值。

积极的数字化，追求的是大数据量、聪明的算法。保守的数字化建立的是信任，在客户做选择的时候，能够不假思索地想到你。在越来越不确定的大信息量社会，稳定而值得信任的源头会越来越有价值。

### 10.2.4　过犹不及：适度数字化

无论是采取积极的数字化策略，还是保守的数字化策略，首先要对企业的核心竞争要素进行深度思考，对未来的竞争业态进行冷静思考。这样，在面对未知的新事物时，才不至于在焦虑中仓促决策，又在实践中前后摇摆。

数字化的根本驱动力来自外部竞争的挑战。如果能用传统方法解决，就不要用数字化的方法。因为过度复杂会带来副作用，从系统动力学的角度来看，一般副作用是延迟发生的。

人工智能技术发展很快，有太多的新技术可以选择，一定要需要根据业务的实际挑战选择最合适的技术。基于最小作用力原理，能用简单方法解决的，就不用高级的技术。从最容易的切口启动数字化，以最小的代价，先消除最大的不确定性，并逐次推进。

随着企业的发展，外部竞争越来越激烈，内部复杂性越来越高，就需要数字化来化简不确定性。

并非说数字化只是被动地响应，数字化更需要提前布局。常听说数字化是一把手工程，是因为企业自身的惯性对外部环境的感知往往会滞后，而企业的一把手因为外向的视角，容易尽早感知到新的变化。领导层需要在预见到的风险中，将预见和洞察转化为更高的目标，来牵引业务的创新和数字化的转型。

数字化不是一蹴而就的，而是一种持续创新的习惯。最有效的数字化并不能一步到位，而是要逐步迭代。感知市场竞争对常规做法的挑战，创新地寻找更有效的技术组合，在恰当的时间导入恰当的技术。

### 10.2.5　数字化转型策略

2B企业的数字化转型，可以选择两类策略：
- 靠近最终用户的下游供应商，会比较快受到数字化的冲击，需要积极做好数字化转型的准备。可以采用积极的策略，更激进地获取数据，感知市场早期的变化。
- 远离最终用户的上游供应商，受数字化的冲击小一些，数字时代的变革会来得晚一些，可以采用相对保守的策略。深耕一个细分的领域，做最基础的组件，无论市场怎么变化，都需要的那些基本组件。

根据自己在供应链中的位态和业务的不确定性程度，选择相应的应对策略。基于信息的理论，可以从两个基本的维度描述企业或者业务数字化的程度：
- 数据的信息量。
- 信息的不确定性。

这样可以描绘数字化的策略，如图10-5所示。

在线销售平台是信息化的，大范围连接买卖双方，高效率处理交易信息；而智能客服是数字化、规模化地满足个性需求。这部分能将销售人员、专家等解放出来，处理更复杂、更模糊、需要深度思考的问题。

在竞争壁垒较高的利基市场，数字化的智能平台可以自动处理多样的需求，挖掘潜在的用户需求。

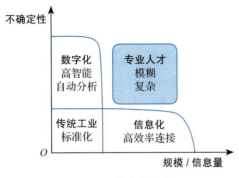

图 10-5　数字化策略

数字化的策略不是一成不变的,随着竞争格局的变化,信息量和不确定性都在持续增加。图 10-5 中的数字化边界不断拓展,之前的创新又变成了"传统"做法。

我们生活的时代加速发展,信息大爆炸。企业的数字化不能过于激进,也不能故步自封,关键是敏锐地感知不确定性的程度,顺势推进数字化。

数字化是企业现有智慧的结晶,然而颠覆性的创新要依靠人才、依靠企业家自身。"商业奇迹"要处理高度混沌,甚至混乱的信息。如果企业家自己都不能创造奇迹,怎么指望人工智能创造奇迹呢?

## 10.3　日益复杂的后工业时代

数字化不仅为企业带来变革,也对社会结构产生重大影响。数字化使信息的收集、处理、分析和传播过程变得更加高效,推动传统工业生产模式向以信息处理和服务为核心的新模式转变。继农业社会和工业社会之后,人类正步入一个以信息处理、服务和技术为核心的后工业时代,其中知识和信息成为经济结构转型和社会发展的关键驱动力。

社会结构的微妙变化，进一步要求企业加深数字化的推进。企业数字化转型与社会经济结构的变迁相得益彰，共同形成了互促的正反馈机制。随着经济结构的加速动态化、市场的迅速变化，以及竞争的不断加剧，企业的生存环境面临越发严峻的挑战，迫使它们积极引入最先进的数字化技术。

### 10.3.1 跨学科融合

随着科学革命和工业革命的推进，科学知识和研究领域细化为不同的专业和学科。现代科学已经划分为众多学科，每个学科都有其特定的研究对象、理论框架和方法论。分科治学使得学者能够深入探究特定的领域问题，带来了深度和精确性。然而，学科间的壁垒有时会阻碍不同领域之间的交流和协作，限制了对复杂问题的全面理解和解决。

很多学科共享相似的数学原理和底层逻辑，通过不同学科的对比和借鉴，可以获得新的视角和创新。跨学科融合允许研究者从不同的角度探索问题，开发更加全面和有效的解决方案，应对日益复杂的全球性挑战。很多复杂的问题，必须打破学科边界才能有思路的突破。

随着现代社会复杂性的不断增加，科学领域正逐渐展现出融合趋势，跨学科交流越发频繁。这种通过整合不同学科知识与方法，以更全面视角解决问题的方式，反映了学术界对知识整合与创新的持续追求。当前科学的跨学科融合是一种日益增长的趋势，它强调不同学科间的相互作用和协同，以促进新知识、技术和解决方案的创造。这种融合不是学科之间的简单组合，而是通过整合各学科的理论、方法和技术，促进创新和发现。例如生物信息学就是生物学、计算机科学和信息技术的融合产物，而可持续发展则需要环境科学、经济学和社会学的综合考虑。

在学科之间的交叉地带，形成活跃的边缘创新。数字化技术与各学科的交叉与融合，形成很多跨学科的新学科，推动了科学研究和实际应用的创新发展，如：

- 计算化学：用算法模拟分子的结构、动力学和化学反应机制，广泛应用于材料科学、药物设计和能源技术等领域。
- 生物信息学：是生物学、计算机科学和信息技术的交叉领域，通过计算方法分析生物数据（如 DNA、RNA 和蛋白质序列），以揭示生命系统的规律和生物过程的本质，应用于遗传研究、疾病诊断和新药开发等。
- 量化金融：结合金融学、数学和计算机科学，运用数学模型和计算技术分析金融市场，进行资产定价、风险管理和投资策略的制定，是现代金融行业的重要组成部分。

即使在人文社科领域，也越来越多地利用大数据和计算模型形成跨学科研究，如：

- 计算社会科学：通过数字化手段和信息技术，如大数据分析和机器学习，研究社会学、政治学和经济学等领域的问题，探索人类行为和社会结构的规律。
- 计算艺术史：将信息技术和数字化手段应用于艺术史研究，如利用图像识别和数据分析技术研究艺术作品的风格、传播和影响。

## 10.3.2 跨领域融合

在工业时代，企业各部门分工明确，业务边界清晰，部门之间通过预设的流程协作。在后工业时代，部门之间的交互更加频繁、协作更加复杂，数字化能有效协同各个业务单元，通过顺畅的数据流动实现资源共享。例如，产、供、销的协同，可以确保生产与需求匹配，减少库存，缩短交货周期。

通过整合不同部门的资源，企业能实现全局的动态优化，有效地降本增效。例如，研发、服务的协同，可以基于用户真实的使用场景数据，优化产品设计，减少过度设计，降低升级成本，提高用户体验。

不同部门的协作，还可以促进知识共享，将客户洞察鲜活地传递到产品研发环节，促进产品创新和商业模式创新。例如，研发与市场的协作，可以抓住快速变化的用户需求，加速产品创新。

### 10.3.3　数字化转型的方向

工业数字化转型的方向，沿着商业结构和智能技术两个维度展开，如图 10-6 所示。一方面，商业结构变得更加复杂，企业不仅需要关注上下游价值链，还需与更广泛的产业链和价值网络深度合作，在日益复杂的社会结构中创造和交换价值。另一方面，企业必须提升技术水平并持续推动技术创新，特别是在当前人工智能的时代，企业应迅速吸收最新数字化技术，并将其内化为企业的核心能力。

在众多产业中，我们可以观察到沿两个方向发展的案例。以风力发电领域为例，图 10-7 展现了风力发电企业的智能化转型之路。过去 20 年，中国的风力发电从依赖进口发展到全球领先，其市场规模不断扩大，成本持续下降，风能利用率逐年提高。风电技术和产品从最初的硬件设备发展为智能风机，再到智慧风场。目前风电、光伏、储能整体优化设计，甚至与电动汽车和大型工厂的用电设备综合优化。电动汽车也经历了类似的发展。

这样的趋势具有普遍性，与第 9 章中图 9-5 所述的产品智能化路径一致，技术和商业的表现都是复杂度增加。

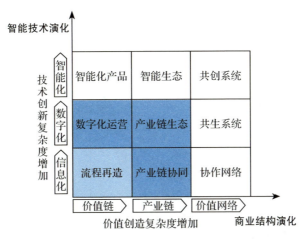

图 10-6　数字化转型的方向

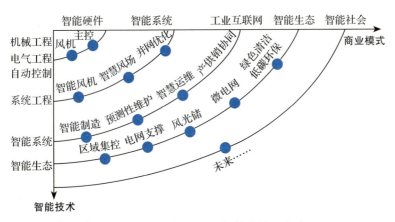

图 10-7　风力发电企业的智能化转型之路

## 10.3.4　不确定性驱动的复杂演化

企业数字化转型的方向表现为技术和商业模式复杂度的增加，其根本驱动力是生存压力下的不确定性增加。数字化程度高的企业能更好地应对不确定性,如图 10-8 所示。

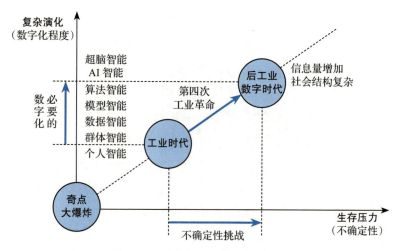

图 10-8　不确定性驱动的复杂演化

进入后工业时代,社会流动性增强,发展与变化的速度加快,企业所面临的生存环境变得更加复杂。在竞争环境的不确定性加大的情况下,企业越是需要依靠数字化技术来应对挑战。只有通过不断的升级和进步,企业才能在这场激烈的竞争中存活下来,进而推动整个工业系统的复杂进化,实现工业体系的变革与升级。

数字化应当适度,过度或不足都将带来不利影响。如果企业的数字化方案能与其面临的竞争环境中的不确定性相匹配,便能较为轻松地顺应潮流,实现变革,同时降低阻力。反之,如果企业过分追求前沿数字化技术,而忽略了实际需求,就可能陷入数字化转型的常见误区,造成不必要的高额成本,还影响了对数字化的信心。那种认为"数字化需要巨大投入,却回报缓慢"的想法,很可能源于没有根据业务需求进行了过度数字化。

## 10.4　AI 时代的个人生存

数字化转型不仅是企业的事情，也影响着每个人。在数字化时代，唯有不断学习，持续成长，才能做个更有价值的人。

人工智能发展之初，人们就担心机器是否会取代人。然而事实恰恰相反，越是智能化，越是对人有更高的要求。数字化时代的人力资源，不会因为数字化技术而过剩，反而因为有了更高的要求出现人才短缺。

推进数字化的过程中，哪些适合交给算法和机器，哪些离不开人呢？数字化系统并不会比人更聪明，但是会比人更快地做出决策和响应。从任务的紧急程度和重要程度来看，数字化技术适合处理紧急但不重要的任务，如图 10-9 所示。人可以进行更深度的思考，要从知其然到知其所以然。每个人都要升级自身的技能，摆脱事务性的简单重复劳动，进行更有价值的创意和创新。

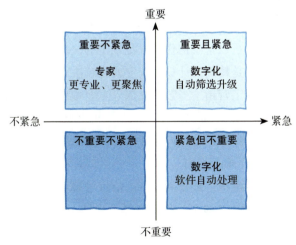

图 10-9　数字化在紧急和重要四象限中的定位

将企业类比作人，数字化的软件系统相当于企业组织的小脑，相当于人的快系统（本能反应），而企业中的人及组织相当于人脑的慢系统（理性反应），对快系统进行纠偏，用人的慢系统驾驭数字化的快系统（内环和外环的关系）。

传统工业的关键决策是由管理层做出的，信息化系统仅能提高数据收集和决策传递的效率。数字化企业的常规决策可以由数字化系统自动给出，而专业和管理层则是企业的大脑，要做深度思考。企业低效的一个表现就是管理层疲于应付紧急的情况，被动反应，本能决策。数字化之后，系统自动过滤掉大量紧急但是不重要的事件，管理层专注于不重要、复杂的决策项，而不必疲于奔命，被一个个突发的待决策项纠缠。这是数字化支撑的运营管理。

### 10.4.1 用信任对抗信息

在人工智能面前，人的价值何在？当数字化吞噬着一切行业，个人如何定位？我们该怎么与机器智能错位互补？

人工智能是小聪明，但是人要有大智慧。当人工智能精打细算的时候，人可以基于信任做出更稳定的决策，依靠信任、信念、信心，而不是精确的计算。淘宝就是解决了交易中的信任问题，而开启了线上营销。当数字化深入工业领域，也会面临新的信任问题。人与人之间的信任，是人与机器最大的差异性竞争点。如图10-10所示，人们应对更大信息量的挑战，可能未必是更聪明、更智能，而是信任。

数字化越是发达，越要避免自己信息过载，依靠爱心、信任与信心驾驭工具，才能不为信息所累。如图10-11，超越基础信息，建立信任，树立信心，表达善意。

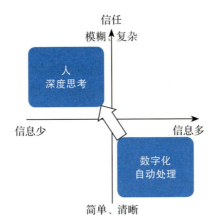

图 10-10　用人的信任对抗信息过载

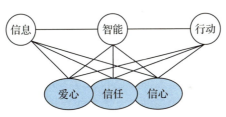

图 10-11　用爱与信任超越信息与智能

## 10.4.2　用创意对抗算法

数字化已经开始重塑创新和创意的过程，AI 和大模型的应用正在开启一个新的创意时代。这些技术不仅能够加强和倍增人们进行创新创意的潜力，而且还可以让创作者从烦琐细节的束缚中解放出来，让他们更多地聚焦于灵感和创意的追求。

任何创作活动既包含了无限的创意，也伴随着大量琐碎而繁重的细节。通过将 AI 整合进创作的过程，创作者得以深入探索创新的精髓，把握灵感的闪光，将纷繁复杂的想法具象化为触手可及的成果，从而驱动文化与技术的发展。技术成为创作者的强大助手，帮助他们解放思想，实现更高层次的创意表达。

人与机器的互动将变得更为自然和直观，创作者可以直接用自然语言来表达自己的创意，集中精力于构想的核心与关键点上，而机器则能够准确理解人类的意图，进而展开创意，充实细节，实现最终设计的完善。在数字技术的加持下，创作者被引导去追随内心的召唤，专注于灵感和创意的追求。那些繁复的细节将由计算机自动补充完善。

在这一进程中，人的创造性思维显得尤为关键。优秀的作品，不只体现在技术渲染的精美细节上，还体现在其表达和承载的思想上。通过将 AI 融入创作过程，创作者可以更加专注于创新的核心，将复杂多变的想法转化为实际成果，创作出更多更好的作品。数字化辅助创作过程，并不旨在替代创作者的思维和创意，而是为了更精准地捕捉并展现他们初步的、模糊的想法。

在这样的背景下，人的角色和创造性贡献被放在了前所未有的高度，突显了在技术辅助下，人类智慧和创意的真正价值。AI 时代，人类的创造力和想象力变得更加稀缺和宝贵。

### 10.4.3 保持个性

科技正在把一切都转化为算法。软件和算法影响着我们的决策，根据算法购物，根据流程完成工作。然而算法不是万能的，图灵早就论述了计算的边界。世界上存在大量无法被计算的问题，如图 10-12 所示。

工业化进程是人类逐渐被异化的过程。在工业 1.0 和工业 2.0 时代，人被视为"资源"，福特曾说："我需要的是一双手，为什么上帝给了我一个完整的人。"那时，人的体力被机器取代，通过平衡工作与生活的比重，我们仍然保有一定的自由生活空间。然而，在工业 4.0 的后工业时代，当人的智力也开始被算法异化时，我们仅有的生活空间被无处不在的数字化侵蚀，最后的自由空间也逐渐消失，人类彻底失去了独立性。

图 10-12　可计算问题的边界

因此，在数字化时代，我们必须重新学习如何成为一个真正完整的人。在纷繁复杂的信息中，那些亘古不变的人性特质将变得尤为重要。

### 10.4.4　终身学习

数字化不会取代人，但是会改变人才结构。数字化转型之后难免会淘汰一些旧的技能，如果相关人不能与时俱进地学习，在职场上就会被边缘化。在技术飞速发展的数字时代，只有持续学习才能更好地生存，要学习机器和算法无法取代的技能。

数字化技术的学习门槛越来越低，通过文化引导和相应培训，让相关人员学习新时代主流的技能，不仅是为了工作，更重要的是掌握信息化时代的生存技能。农业时代的生存技能是强健的体魄；工业时代的生存技能是驾驭机器，人要学会开车，适应新的生活方式；而在数字化时代，我们要学会更高效地搜索信息、处理信息。数字化时代，是信息找人，而不是人找信息。每个人都需要建立自己的信息流，让恰当的信息自动推送给合适的人。

数字化似乎扩大了人的社会生存空间，但实际上加剧了人类的不平等。互联网让大家可以突破时空获得学习的资源，然而我们似乎更难找到有价值的资源了。有效的学习，还需要掌握学习的方法，善用网络的资源。当学习资源充足的时候，如何找到有价值的资源就变得稀缺。那些没有习惯数字化生存的人，几乎被剥夺了生存权。比如在疫情管控中，我们受益于健康码带来便捷的同时，很多没有智能手机的老人出行都很困难。

知识付费只是缓解了学习焦虑，真正的学习是从零散的知识中提炼出清晰的结构，组建自己的知识体系。建立了自己的知识体系之后，学习就能融会贯通，举一反三。其实学习有内在的乐趣，对未知的探索是人的本性。当我们不再为了工作而学习的时候，我们就有了学习的自由和内在的动力，甚至工作就是学习和体验的过程。将"学习是为了工作"转变为"工作是为了学习"，由兴趣驱动的学习，是科技与文明发展的第一推动力。

### 10.4.5 π型复合人才

以前我们在学校学习一门专业知识，毕业后就能找到一份工作。而数字化时代，知识快速迭代，我们必须持续学习。如果我们个人的技能不升级，一直沿用已有的知识和经验，就像"刻舟求剑"，会逐渐不适应这个时代。

工业时代强调专业分工，每个人只需要在自己的领域内承担所学专业的任务。而数字化时代需要的是全面发展的通才。在这个快速变化的时代，新的问题和挑战不断出现，我们需要创造性地寻找解决方案，不能局限于本专业，应在整个技术体系中寻找最佳的技术要素，并对它们进行重新组合。

数字化把人从工业大机器中解放出来，就要求我们能够快速学习新知识，成为"π型人才"。过去，一个人80%的知识是在学校学习阶段获得的，其余20%则依靠在工作阶段的学习；现在完全相反，在学校学习到的知识不过20%，其余大多数知识就需要你在漫长的一生中不断学习和实践。

在信息爆炸、知识迭代的时代，快速学习的能力比掌握的知识和技能更为重要。然而，有效的学习不是不断获取新的知识，而是要有选择和鉴别知识的能力，并能将静态的"知识资源"转化为能产生价值的"知识资本"。"Π型人才"并不意味着放弃专业深度去盲目追求流行趋势，而是要求我们更深入地理解自己的专业领域，不仅知其然，还能知其所以然。数字化作为一种破坏性创新，往往需要我们打破常规、刨根问底。在成为"Π型人才"之前，我们首先应成为"T型"人才；而在成为"T型"人才之前，我们应先成为专门的"|"型专家，其中"—"代表广阔的知识面，"|"则代表专业的深度。先深入精通一个领域，然后将该领域的基础思想和方法迁移到其他领域。

我早年从事风电的研发工作，这段经历对我后来的发展和在数字化转型方面的探索提供了极大的帮助。本书将控制论作为构建数字化转型系统方法的底层理论，这与我的专业和经历紧密相关。企业数字化是为了应对不确定性，其底层原理跟风机很类似。风机的应用环境其实很复杂，风速和方向变化极快，还经常形成湍流。要在高度不确定的风况下高效工作，风机需要具备非常智能的控制系统。

图10-13展示了我个人的成长过程。经过一次次转型与蜕变，我负责的业务范围逐渐拓宽，从智能变频器、智能风机、智能微网、智慧风场、智能制造，到现在的工业数字化转型。这个过程存在一个不变的核心模式，那就是利用软件来控制硬件的系统整合能力，这涉及将不同的复杂系统融合起来，以软件控制硬件正是数字化的基本模式。

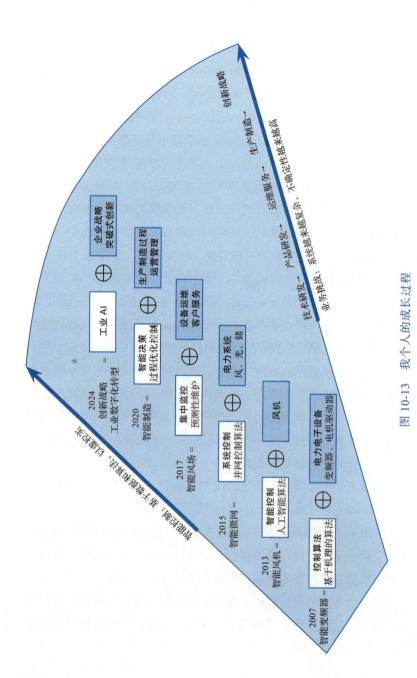

图 10-13 我个人的成长过程

要实现知识和技能的跨领域迁移，必须对一个领域有深刻的理解，这需要有主动创造的经历。例如，想要熟练使用某款软件，不妨尝试设计它，从创造者的角度去深入理解，观察和体验一个作品的创作过程。培养自己的"创造者"思考模式，会使思维变得深刻、客观理性、全面。我在设备控制方面的深入研究，让我对控制论有了深入的体验，这种思想一直影响着我。正是早期在设备控制领域打下的坚实基础，支撑了我后来在扩展业务领域时，每一次虽经历痛苦的成长，却也能体验到新领域的广阔和自由，并将在设备控制领域的经验迁移到新的业务场景。

## 10.5　本章小结

从系统动力学的视角来看，任何改进都有可能带来延迟的副作用。长期而言，尽管先进的数字化技术能消除小范围的不确定性，但也可能削弱了系统化解更大风险的潜力。例如，日常非常健康的人一旦生病，病情可能非常严重。美国黄石国家森林公园1988年的大火连烧数月，引起了人们对火灾预警策略的深刻反思。尽管先进的火灾预警系统旨在快速检测并响应森林火灾，理论上能有效减少火灾带来的损害，但实际上这种系统有时可能导致更大的灾难。如果每一次小火都被迅速扑灭，可能会导致可燃物质积累，从而在未来造成更大规模的火灾。火灾预警管理还需要考虑生态系统的自然平衡，找到及时灭火与生态稳定之间的合理平衡点。

数字化技术未来也将面临类似的悖论，这正是任何系统从简单到复杂演进过程中必须面对的挑战。在积极推动数字化转型的过程中，我的态度是复杂而矛盾的：一方面，我坚信系统必然从简单向复杂发展，越来越依赖数字化技术和智能算法来应对不确定性的挑战；另一方面，我也认识到，智能化系统最终可能耗尽所有的智能储备，带来更深层的系统性风险。

受王东岳对事物发展终局的哲学思考，以及圣塔菲研究所对复杂系统寿命与规模发展的研究影响，我对人类社会整体的趋势和最终未来的预期是悲观的，但这并不妨碍我们在推动数字化、智能化过程中保持坚定。任何技术都有边界，清晰地认识技术发展的边界，知止而后动，反而体现了我们面对数字化的成熟态度。研究得越深入，我越是理性而坚定地对数字化转型充满敬畏。正如罗曼·罗兰所说："真正的英雄主义，是在认清生活的真相后依然热爱它。"成熟之人即使看清楚悲剧的结局，依然坚信未来，保持乐观。

对数字化转型成熟与理性的态度，不是盲目跟风进行数字化转型，而是理性地选择数字化的实体业务对象，从而能够真正帮助企业消除不确定性，突破关键环节。随着社会结构变得日益复杂，社会挑战和商业生态的不确定性不断增加，企业必须适应外部环境的挑战，持续提升技术水平，利用数字化技术帮助自身在这个不断变化的商业生态系统中以更低的成本生存。

# 推荐阅读